小檜山賢二写真集　ゴミムシダマシ：マイクロプレゼンス3

解説監修・同定　益本仁雄（博士：日本甲虫学会）
　　　　　　　　秋田勝己（日本甲虫学会）

出版芸術社

マイクロプレゼンスの思想

　虫と付き合いだしてからもう、５０年以上になる。目的の昆虫と出会うためには、その習性は勿論、環境・季節等の条件など多くの知識を必要とする。これは虫を通した自然との対話といえる。マイクロプレゼンスは、このような経験をもとに生まれた。マイクロプレゼンスとは、「日常的な環境の中に存在する小さなもの、肉眼ではその詳細を知ることが出来ない微細なもの」を意味する。「これを可視化して、その小さなものの存在を実感させる」のがマイクロアーカイビングプロジェクトの活動である。

　我々は自分達の基準で我々をとりまくリアル世界を認識している。しかし地球上には人類以外の生物が沢山生活している。それらの生物たちは、彼らなりの基準でリアル世界を認識しているのだろう。地球上には無限の異なる世界があり、その一つを人類が認識しているに過ぎないのだと考えることもできる。多くの人々にこの事実を知らせ、人間と自然の関係に関する新しい認識を喚起させることが、マイクロアーカイビングプロジェクトの目的である。

　現代では、人工環境の拡大により、人工環境と自然環境に境界が生まれている。ここで、Think like a child. 子供のように考えてみよう。子供は、人工と自然を区別しない。人工と自然の間に境界を作らない。

　古来、「人間生活のすべて、生物も無生物も、それぞれに魂をもち、言葉を交わしている」という感覚を日本人はもっている。我が国には、昔から八百万の神がすんでいるのだ。これは「自然」に対する畏敬の念から発したアニミズム思想であることは間違いない。このような感覚は、現在でも日本の大部分の人びとがどこかで共有しているのではないだろうか。日本には、「環境」という言葉がなかった[1]という。「環境」は、人工と自然の境界を意識して初めて生まれる言葉である。人間も自然の一員なので、そこに境界を設定する意識がなかったのだと考えられる。

そんな日本人の原点の思想を今一度呼び起こせば、人間と自然の関係に関する新しい認識に目が開き、２１世紀の大きな課題解決への道の一つになるのではないだろうか。このプロジェクトの成果が、そのきっかけになればと考えている。

　本書で提供するのは、標本写真である。すべての昆虫が、工芸品のような精巧な作りになっており、とても美しい。自然の芸術品といって良い。その美しさや驚きを伝えるために生態写真を離れ、昆虫の形態だけを正確に記録する作業を始めた。生態写真としないのは、情緒的なものを除いて形態だけを強く表現したいからである。つまり「ちゃんと虫を見てください！」ということだ。微少な昆虫の撮影では焦点深度が浅くなり、全体にピントが合わないため、焦点位置を変化しながら複数撮影し、コンピュータで焦点合成する。焦点合成ソフトの力も借りるが、それだけでは満足な結果が得られないので、コンピュータと格闘しながら、作品を制作している。この作業を、マイクロフォトコラージュとよんでいる。

　標本の作り方も工夫した。学術的な標本は、標本箱や顕微鏡で上部から観察されることが多い。このため、上部からの観察で多くの情報を得られるように標本を作成する。マイクロフォトコラージュでは、昆虫の魅力を最大限に表現することを優先する。このため、生きた昆虫の形に可能な限り近づけるように標本を作る。つまり、マイクロフォトコラージュで対象とするのは所謂標本ではなく、剥製という方が当てはまる。このため、最近は「私の制作しているのは昆虫の剥製写真だ」といっている。

　さて、今回はゴミムシダマシである。なぜゴミムシダマシなのか。キーワードは今回もゾウムシ・ハムシの時と同じ「多様性」である。

　ゴミムシダマシの多様性は、ゾウムシ・ハムシとどう違うのだろうか。形態の多様なゾウムシに対して、色彩が多様なハムシということを述べてきた。では、ゴミムシダマシはどうか。「変幻自在な多様性」という言葉を思いついた。いいかえれば、ああこれがゴミムシダマシなのだという脈絡を見つけるのが難しいのだ。勿論ゴミムシダマシの定義はある（「解説」で詳しく述べる）。しかし、その形態は余りにも多様で、しかも統一された傾向が

●オオカンムリゴミムシダマシ *Vieta muscosaa* 3

ないように感じる。ゴミムシダマシでは、テントウムシ／ハムシ／オオキノコムシなど、他の科の種に似ている種が多いのだ。形態が似ているというと「擬態」という言葉が頭に浮かぶが、どうも擬態をするメリットが浮かばないものが多い。勿論、ゴミムシダマシ独特の形態のグループもいるが、そのグループ同士は同じゴミムシダマシ科の昆虫とは思えないほど異なった形態をしている。ゴミムシダマシ科としての統一感に乏しいのだ。このように、書いてきたのと少々反するが、いろいろなゴミムシダマシを見てくると、未知の昆虫に遭遇した時「これはゴミムシダマシではないか」と感じるようになる。何故なのか、それがわからないので、「変幻自在な多様性」などといっているのかもしれない。

「科の壁を越えて」という表題で、ゴミムシダマシが他の科の昆虫に「似ている」ことをテーマにした興味深い論文が月刊むしに発表された[2]。様々な種との比較がなされ、ゴミムシダマシの多様性が紹介されている。その中で、この特異な多様性の出現理由として「先細りの進化」と「先太りの進化」が推論されている。詳しくは是非論文は読んでほしいのだが、このような推論を知ると生物進化の不思議を改めて感じるし、これらのメカニズムは、現代科学の遺伝子分析によって将来明らかになるだろうという話を聞くと、期待が高まりワクワクする。

ここで、「マイクロプレゼンス」プロジェクトの立場から、ゴミムシダマシを見てみよう。ゴミムシダマシは、菌類・キノコ・朽ち木等を生活の場としているものが多いため、森の中の暗い場所にいることが多い。そして、英名のDarkling Beetlesでわかるように、黒を中心にした暗い色の種が多い。ゾウムシやハムシよりも少し大型の種が多いのだが、よほどの虫好きでなければその存在すら念頭にないほど、目につきにくい昆虫達なのである。それは、ゴミムシダマシのという日本名からもわかる。ダマシ・モドキ・ニセというような名前がついている昆虫がいる。これは、メジャーな昆虫がいて、それに似ているときに苦し紛れにつける名称である。昆虫、特に甲虫はやたらに種類が多い。しゃれた名前をつけたいが、思い浮かばない時につける名前といって良いかもしれない。人は認識しなければ、その存在を認めない。人目のつかない場所でひっそりと暮らすゴミムシダマシの多様な造形美を皆様に知らせることもこのプロジェクトの重要な役割と考えている。

少しゴミムシダマシの実態を見てみよう。日本で約4百種、世界で約1万8千種棲息しているという。意外と少ない感じだが、マイナーなグループなので、研究が進めば、もっともっと増える可能性がありそうだ。暗い森に多いと書いたが、実は、棲息範囲は広く、海岸や砂漠、そして穀類の害虫もいる。この中で、最も有名なのは、よくテレビで紹介されるナミブ砂漠に棲むキリアツメゴミムシダマシではないか。ナミブ砂漠は世界で最も古い砂漠の一つで、年間降雨量が10mmにも満たない乾燥地帯である。しかし、ここは海岸に近いため、海からの水蒸気による霧が定期的に発生する。キリアツメゴミムシダマシは、霧が発生した夜、頭を下げ尻を突き上げるt体勢をとる。キリアツメゴミムシダマシについた霧は表面で水滴になり、傾斜した体を伝わり、口に流れ込むという次第。自然のすごさ／たくましさを感じさせる生態である。

ゾウムシ、ハムシとは異なるゴミムシダマシの独特な姿に自然の不思議・すばらしさを認識していただくとともに、「画面に現れる小さな虫たちは、どれも1億年以上の歴史を背負った貴重な生物なのだ」ということを実感してもらいたい。本書が自然との関係を再発見するきっかけになれば、これに勝る幸せはない。

小檜山賢二

文献：

[1]：養老孟司　私信

[2]：秋田勝己、安藤清志、平野雅親、柏原精一、益本仁雄、大澤省一、吉川寛「「科の壁を越えて」 ― 摩訶不思議なゴミムシダマシの多様性 ―」、月刊むし、(有)むし社、P13-P27,N0.506, Apr. 2013

●アナアキカメノコゴミムシダマシ *Helea* sp. 5

6 ●ヘンテコシロアリスゴミムシダマシ *Stemmoderus singularis*

マイクロプレゼンスの思想 ———————— 02

作品 ———————————————————— 08

解説 ———————————————————— 105

１：ゴミムシダマシの世界 ———————— 105

　　１）変幻自在な多様性
　　　　他人の空似／ゴミムシダマシ特有の形態／
　　　　多様な形態の角／斑紋変化／いろいろな眼／
　　　　歴史の中のゴミムシダマシ／映画の中のゴミ
　　　　ムシダマシ／薬・食料としてのゴミムシダマシ／
　　　　不吉な学名のゴミムシダマシ
　　２）おもしろい習性：多様な生態
　　　　砂漠で生活するゴミムシダマシ／海浜にいるゴ
　　　　ミムシダマシ／キノコ（菌類）に集まるゴミムシ
　　　　ダマシ／枯木を食べるゴミムシダマシ／植物との
　　　　戦い・人間との戦い（害虫）／防衛手段／擬態／
　　　　交信手段

２：ゴミムシダマシの戸籍 ———————— 117
　　１）ゴミムシダマシ上科
　　２）ゴミムシダマシ科

３：作品データ ———————————————— 121

参考文献／地域別種名／情報 ———————— 126
あとがき ———————————————————— 127

注：和名について
日本産：
・原色日本昆虫図鑑（保育社）
　などを参照
外国産：各種メディアで和名が公表されている種は、そ
れらを用い、公表が確認できなかった種については著者
が命名

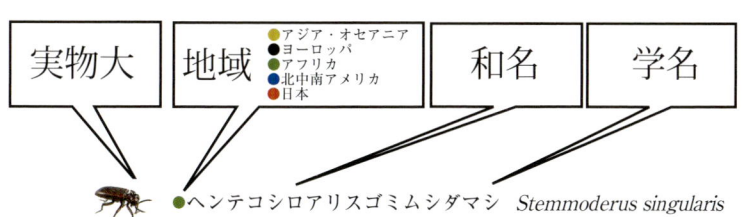

8　●フタイロハムシダマシ　*Metallonotus speciosus*

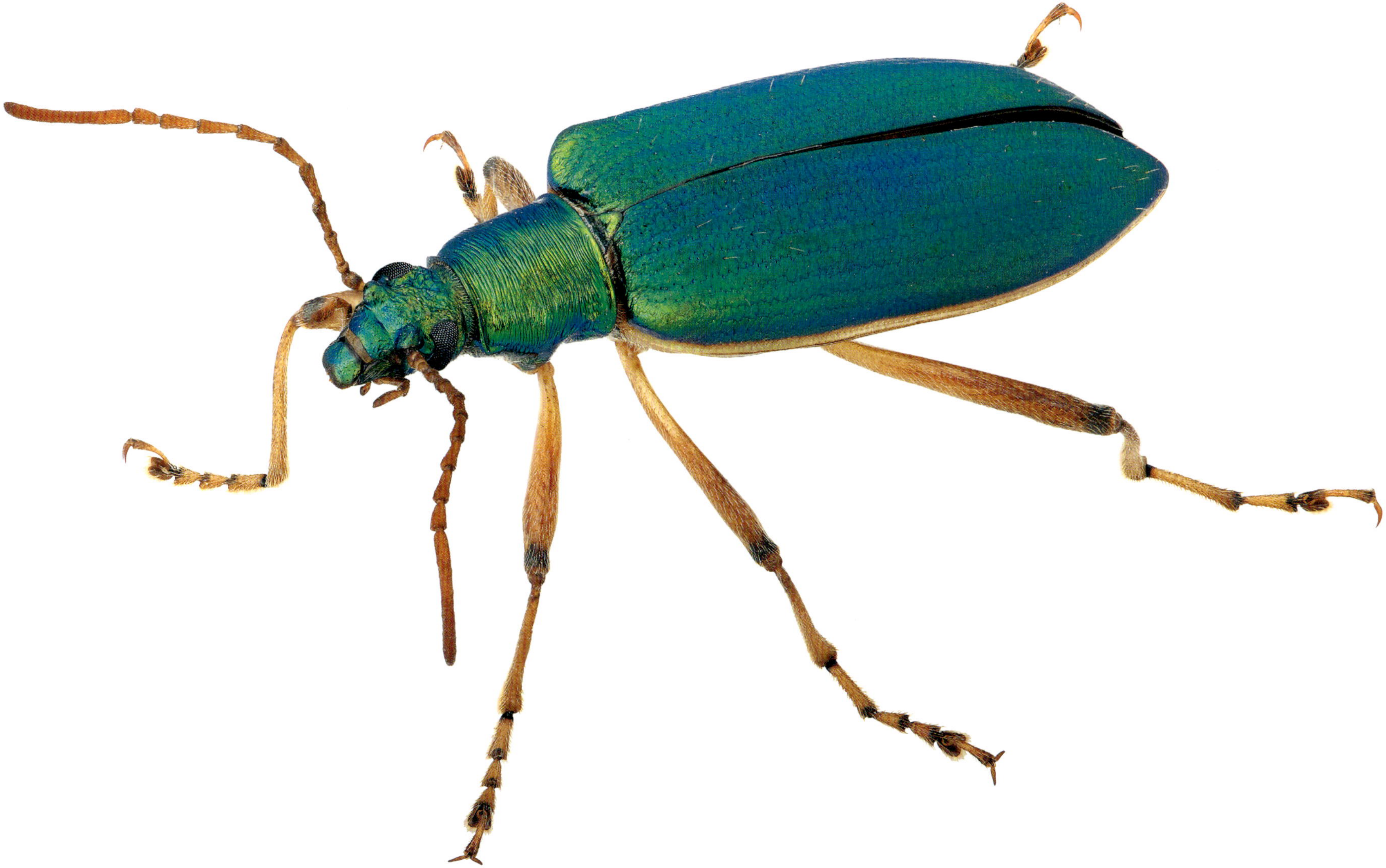

● ミドリオオハムシダマシ *Chlorophila* sp. 9

●アオハムシダマシ　*Arthromacra viridissima*　11

12 ●アマミアオハムシダマシ *Arthromacra amamiana*

●サカサジンガサハムシダマシ *Cossyphus depressus*

14 ● ニセツチハンミョウ *Bothrionota meloides*

●ラオスケブカクロハムシダマシの一種　*Cerogria* sp. 15

16 ●アシブトアオハムシダマシ　*Pycnocerus revoili*

●クロツヤモドキハムシダマシ *Pristophilus passaloides*　17

●カラステングゴミムシダマシ　*Phrenapates bennetti*　19

20 ●オオクロジオメトリックゴミムシダマシ *Nyctelia multicristata*

●クロジオメトリックゴミムシダマシ *Nyctelia geometrica*. 21

22 ●タテミゾジオメトリックゴミムシダマシ　*Callyntra rossi*

●フタイロジオメトリックゴミムシダマシ *Gyriosomus gebieni* 23

24 ● コワモテジオメトリックゴミムシダマシ　*Gyriosomus* sp.

● シボリジオメトリックゴミムシダマシ　*Gyriosomus hopei*　25

26 ●キリチェンコゴミムシダマシ *Pisterotarsa kiritschenkoi*

●クワガタモドキゴミムシダマシ　*Calognathus chevrolati*　27

28● オオヒョウタンゴミムシダマシ　*Megelenophorus americanus*

●ヒゲブトアリスゴミムシダマシ *Gebieniella stenosides* 29

30 　●ハマヒョウタンゴミムシダマシ　*Idisia ornata*

●サバクモザイクモンゴミムシダマシ *Pachynotelus commajaponicus* 31

32 ●フタイロムネマルゴミムシダマシ *Distretus amplipennis*

●タテミゾムネマルゴミムシダマシ　*Amiantus globulipennis*　33

34 ●ハカマモリゴミムシダマシ　*Prionotheca coronata*

●トクトックゴミムシダマシ *Psammodes pieretti*　35

36 ●テツカブトゴミムシダマシ　*Moluris globulicollis*

●セスジオオゴミムシダマシ *Psammodes procerus* 37

38 ●トゲトゲゴミムシダマシ　*Somaticus spinosus*

●オオコブカンムリゴミムシダマシ　*Sepidium bulbiferum*　39

40 ●ヒツジカンムリゴミムシダマシ　*Vieta speculifera*

●トゲコブカンムリゴミムシダマシ *Vieta* sp. 41

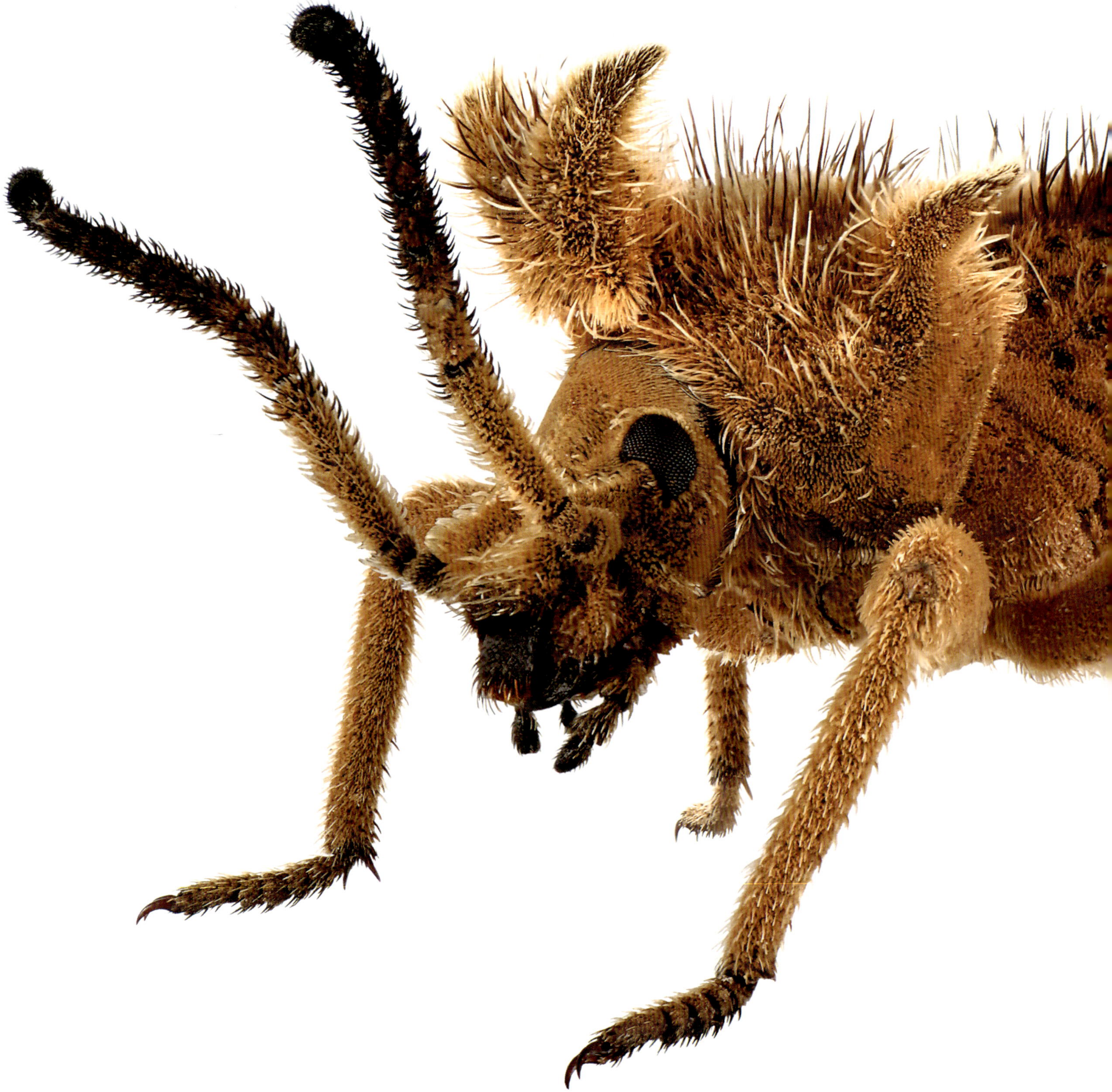

●オオカンムリゴミムシダマシ　*Vieta muscosa*　43

44 ●ヘルメットゴミムシダマシ　*Stips cassidoides*　　　　　　　　　　　　　右ページ：ヘルメットゴミムシダマシの正面

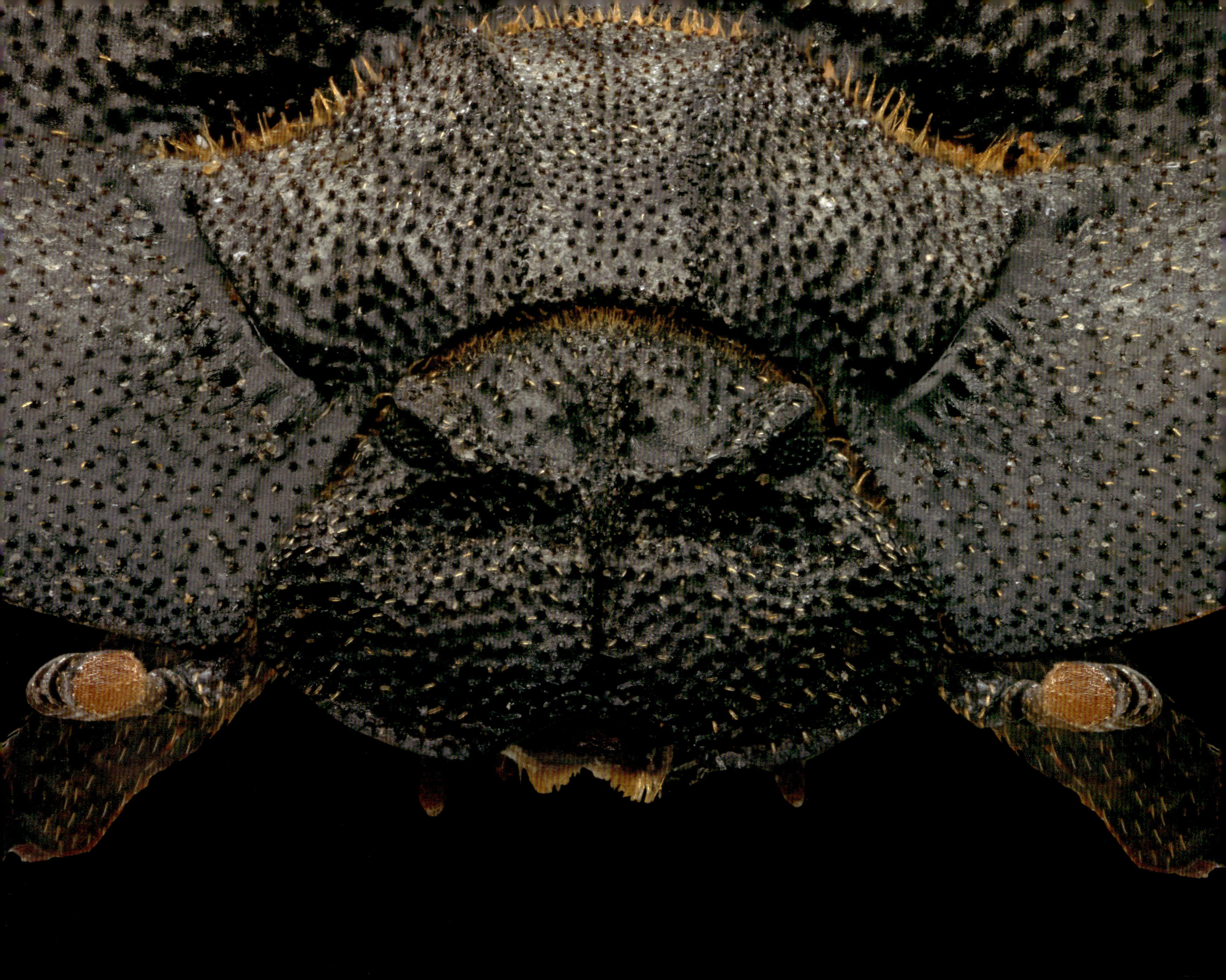

46 ●スナオヨギゴミムシダマシ *Lepidochora* sp. 　　　　　　　　　　　　　　　　　　　　　　　　　　　　右ページ：スナオヨギゴミムシダマシの正面

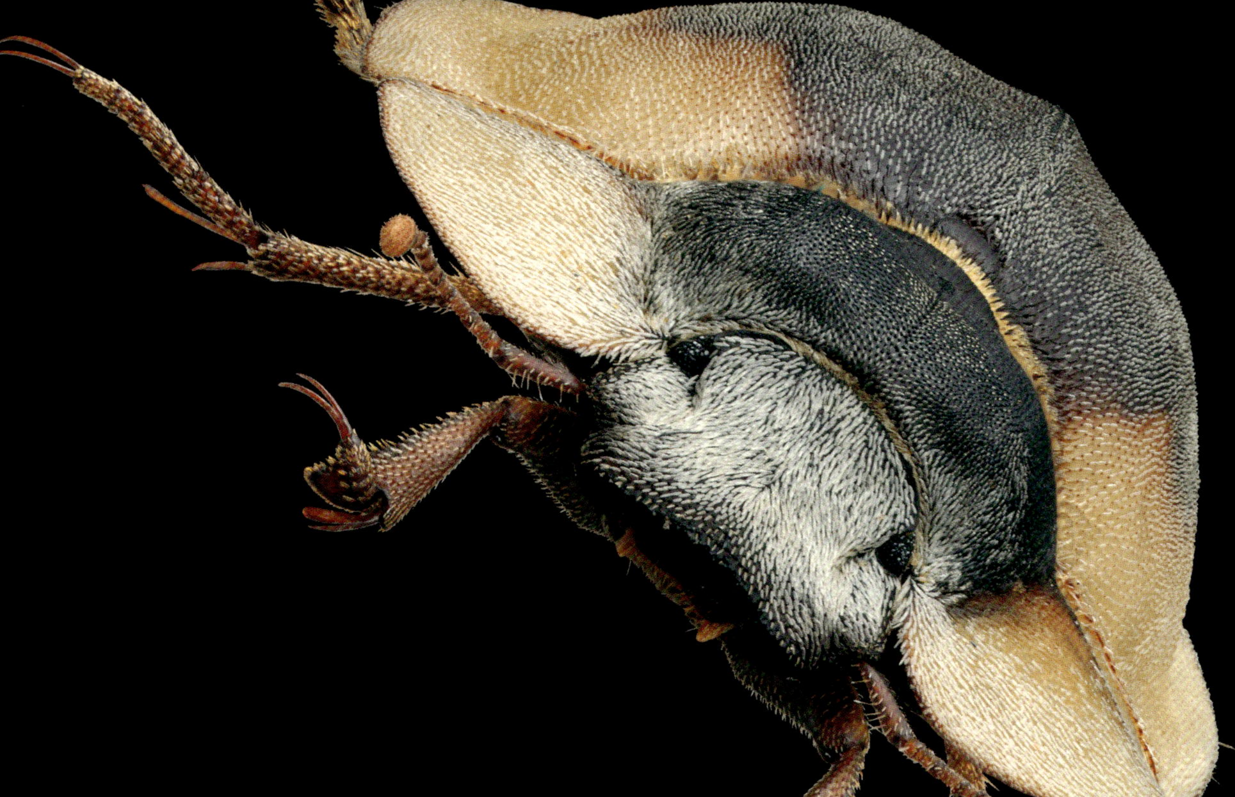

48 ●スナケブカゴミムシダマシ *Edrotes arens*

● イボゴミムシダマシ　*Asbolus verrucosus*　49

50 ●チャスジキリアツメゴミムシダマシ　*Onymacris langi meridionalis*

●クロスジキリアツメゴミムシダマシ *Onymacris langi langi* 51

52 ●キリアツメゴミムシダマシ　*Onymacris boshimania*

● クロナガドウケゴミムシダマシ *Eleodes obscurus sulcipennis* 53

54 ●オニツノゴミムシダマシ *Toxicum funginum*　　　　　　　　右ページ：オニツノゴミムシダマシの正面

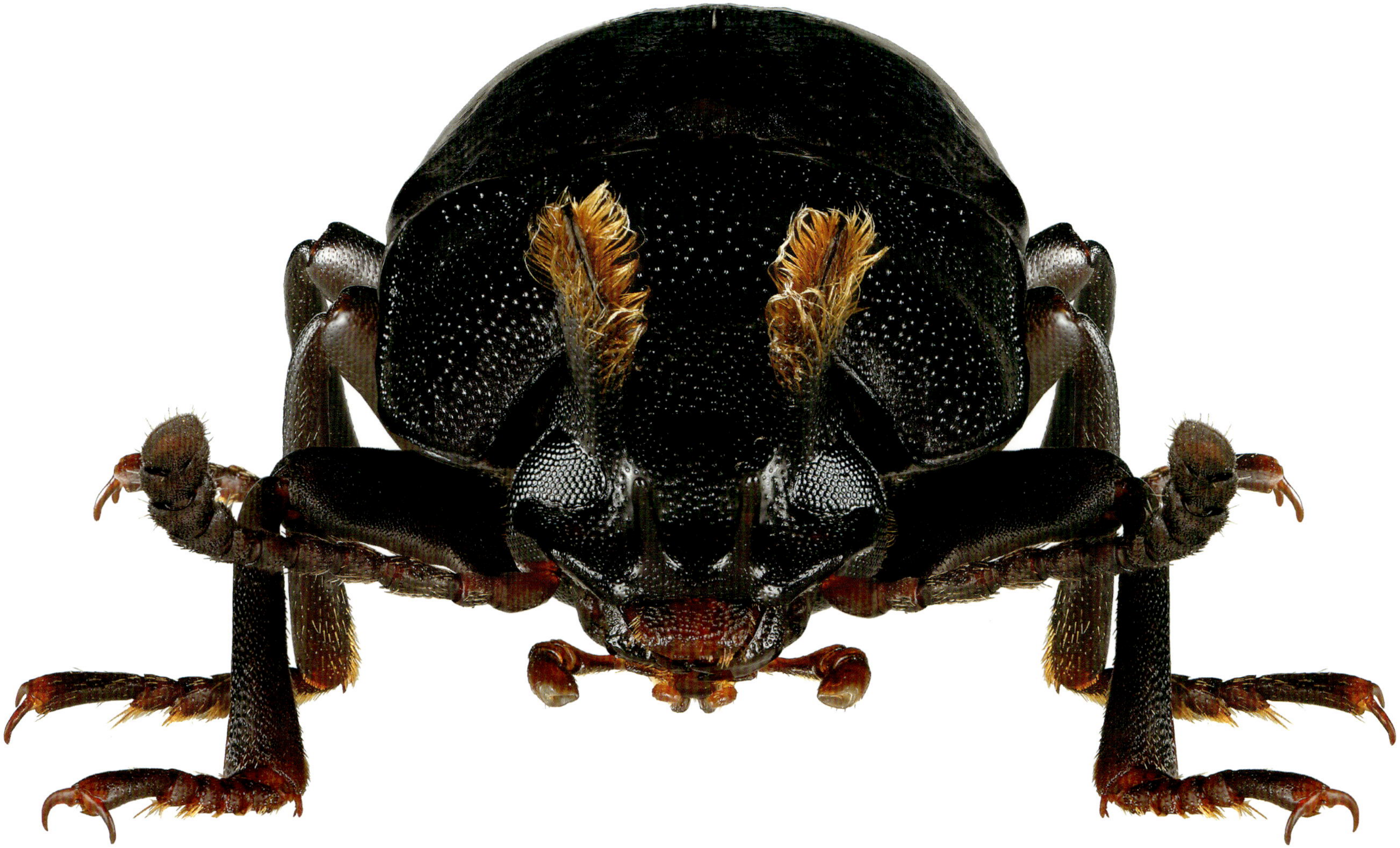

56 ●ヒサシツノゴミムシダマシ　*Antimachus nigerrimus*

●アカアシナガゴミムシダマシ　*Eulytus nodipennis*　57

58 ハリネズミゴミムシダマシ *Emmallus australis* 右ページ：ハリネズミゴミムシダマシの正面

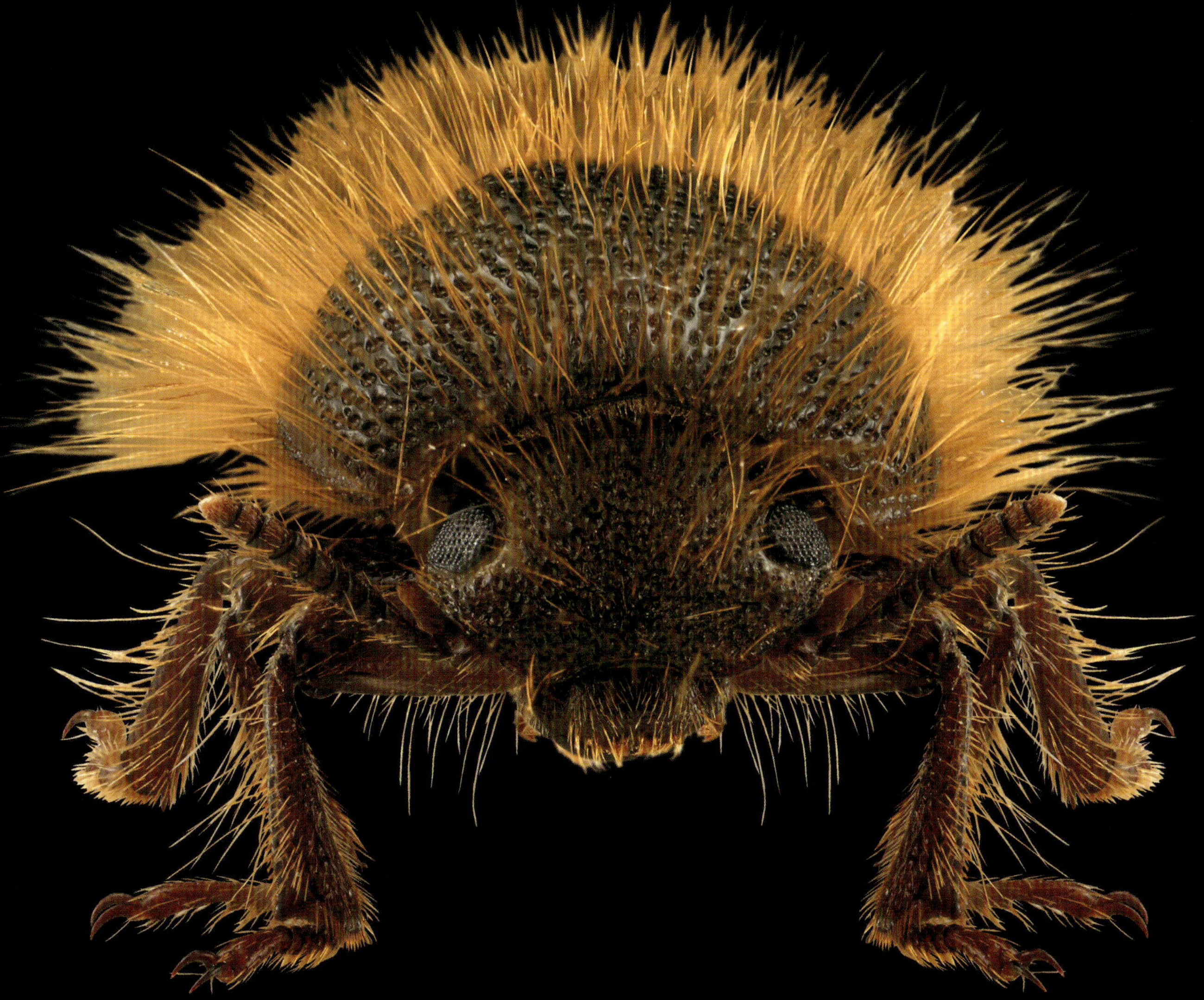

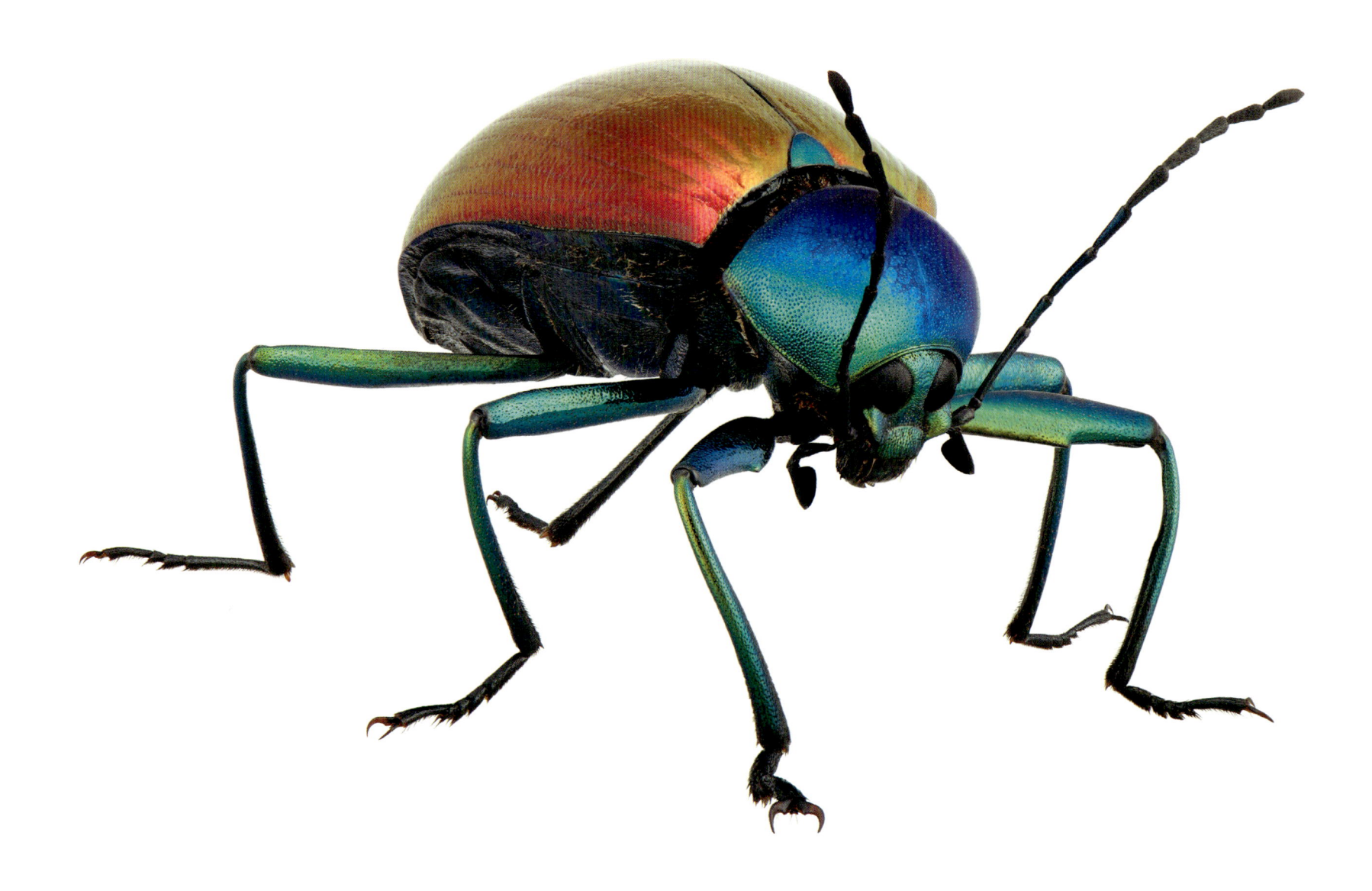

60 ●フタイロキマワリ *Plesiophthalmus* sp.

●キマワリ　*Plesiophthalmus nigrocyaneus*　61

62 ●サイゴミムシダマシ　*Anomalipus heraldicus*

●ゾウゴミムシダマシ *Anomalipus elephas tibialis*

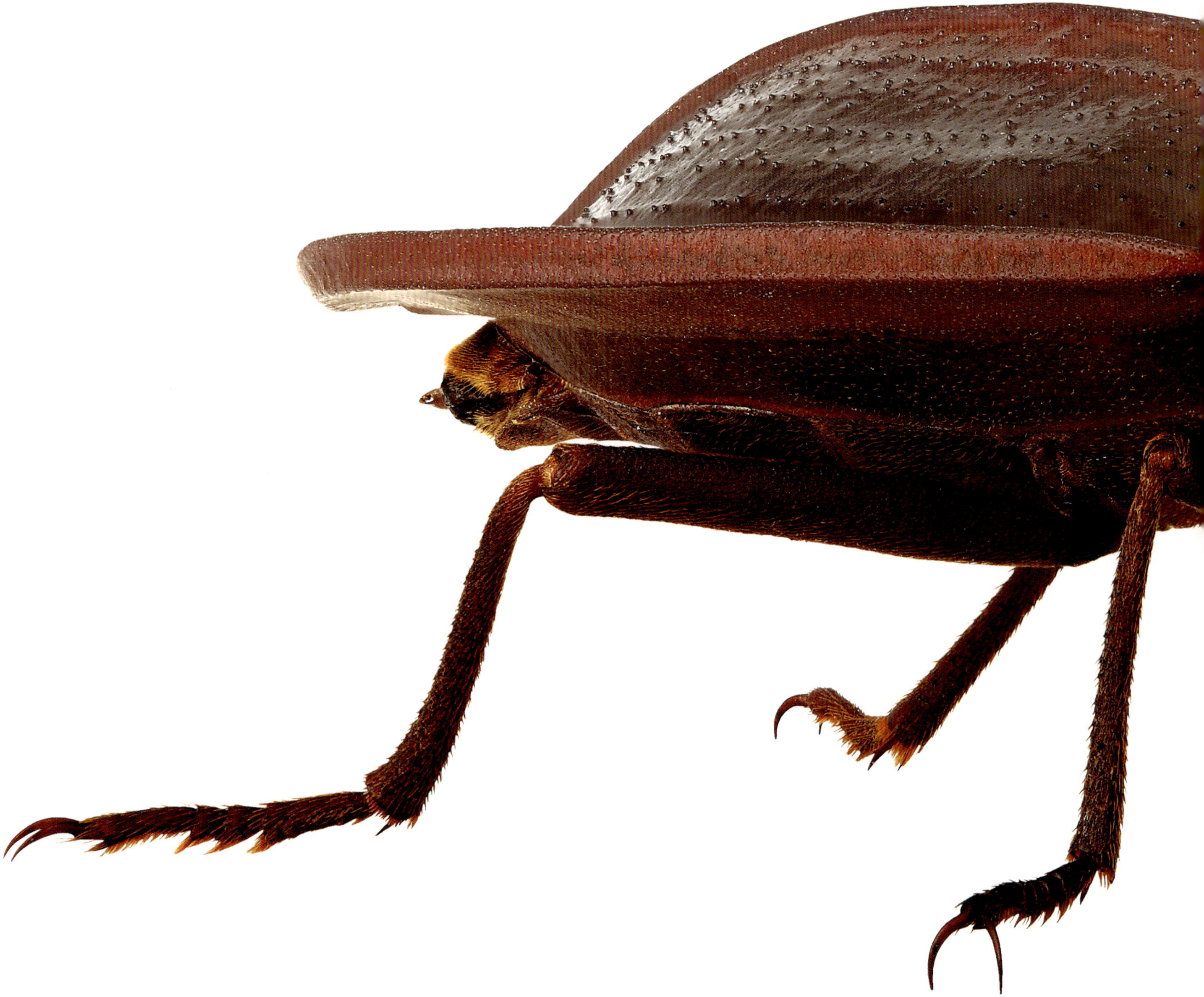

●アナアキカメノコゴミムシダマシ　*Helea* sp.　65

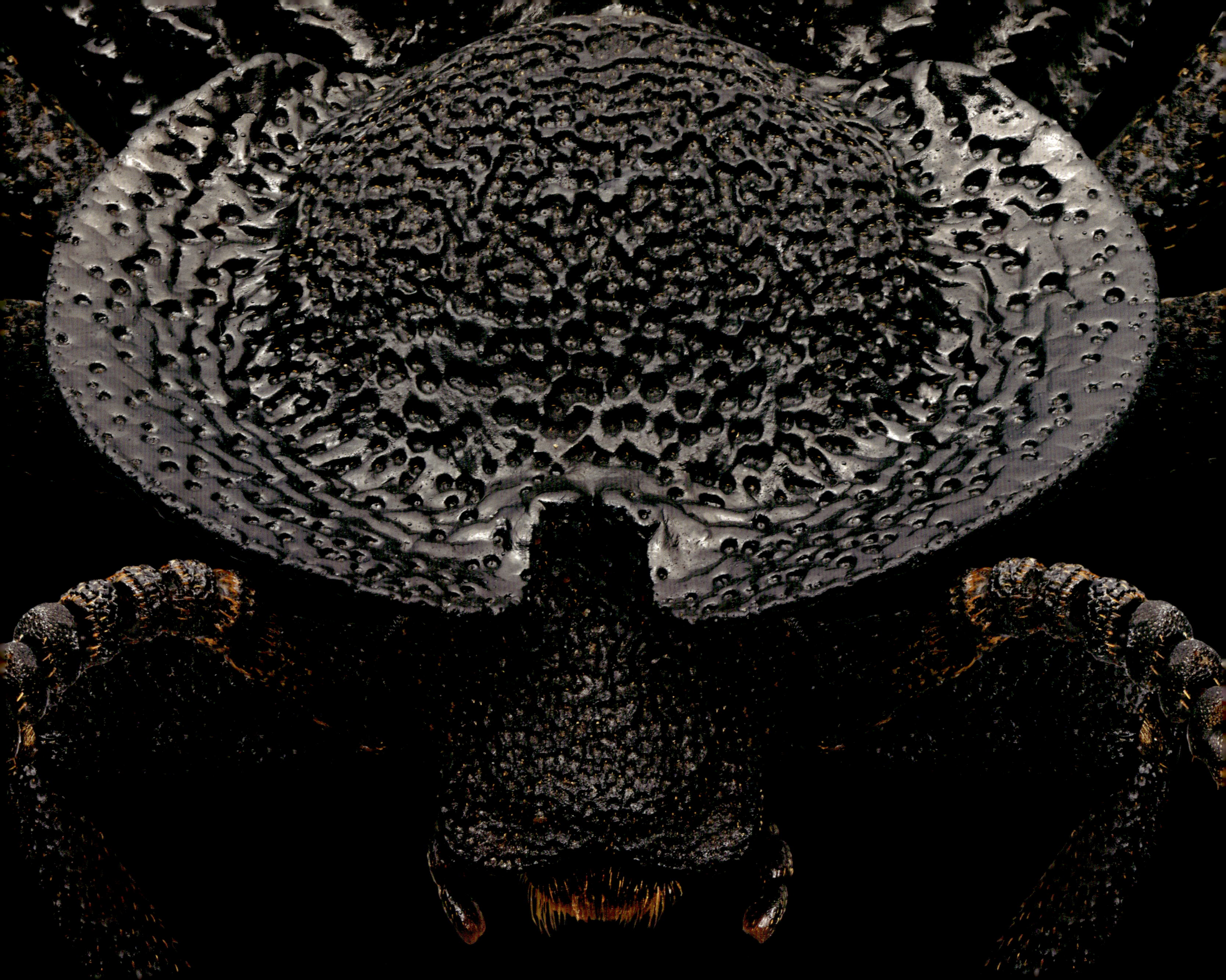

左ページ：ジンガサゴミムシダマシ の頭部　　　　　　　　　●ジンガサゴミムシダマシ　*Diastoleus bicarinatus*　67

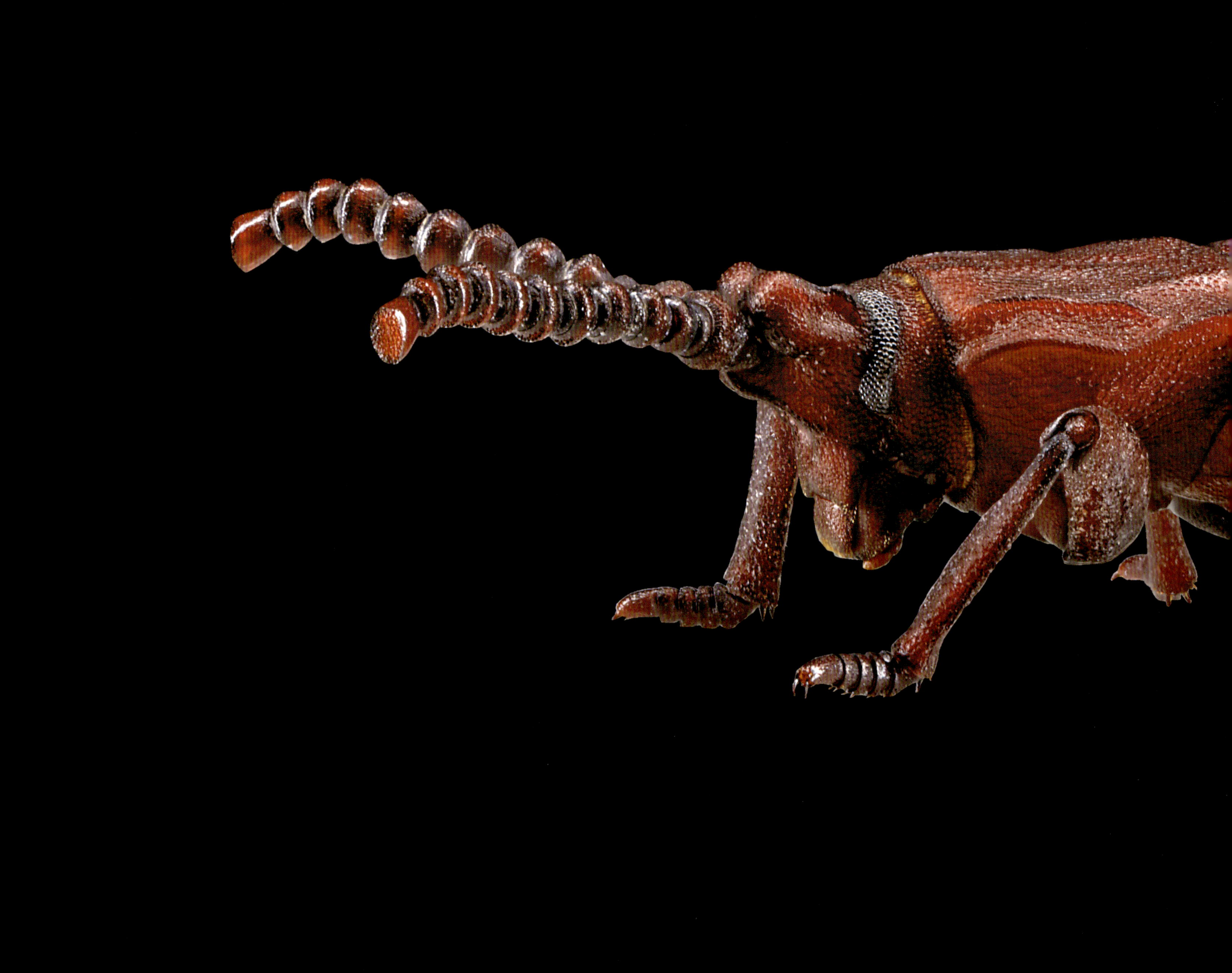

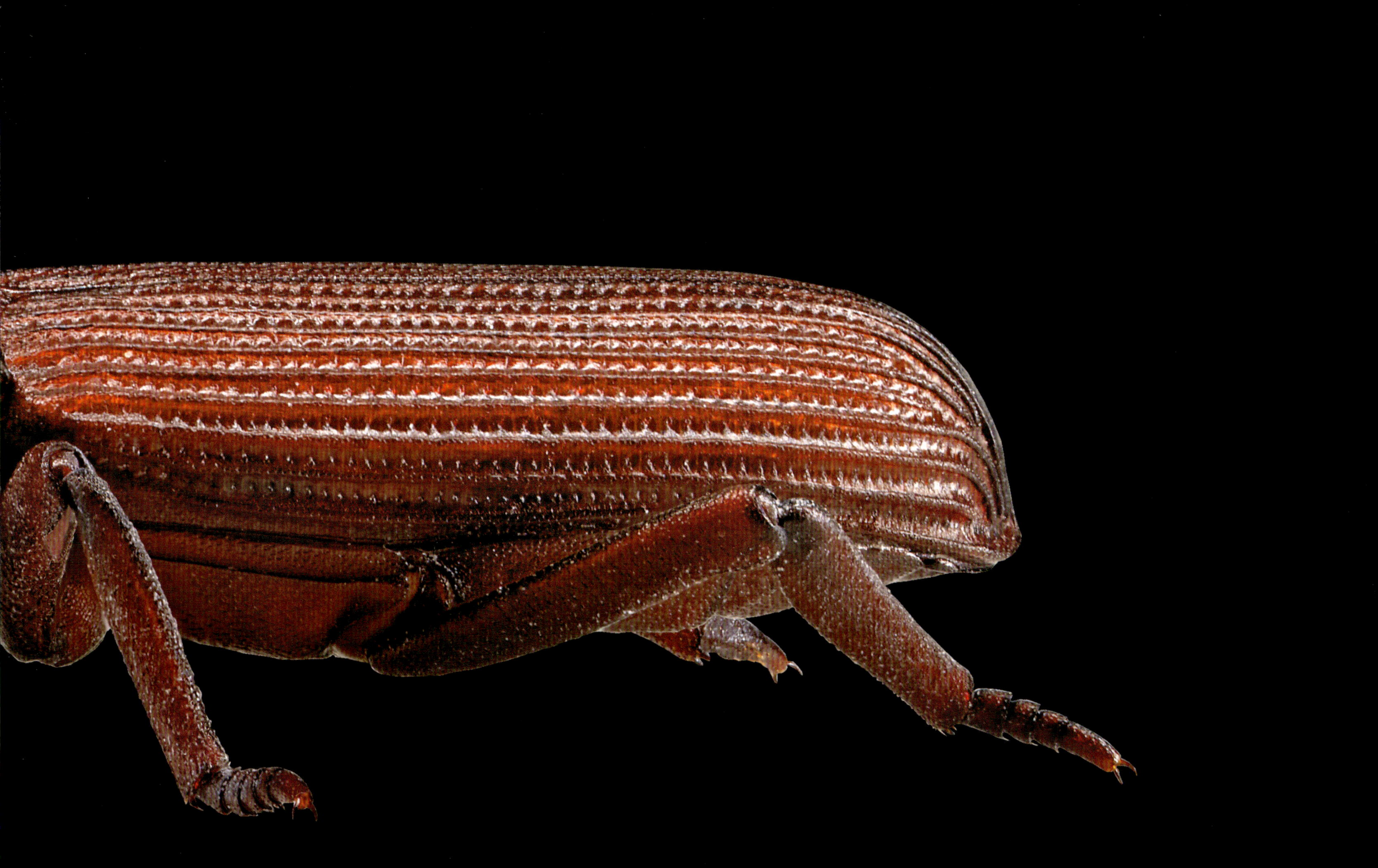

70 ●カオカクシアリスゴミムシダマシ　*Falsocossyphus adelotopus*

●ミツノコブツノゴミムシダマシ *Atasthalus rhinoceros* 71

72 ●コブスジツノゴミムシダマシ　*Boletoxenus bellicosus*

●ツシマチビコブツノゴミムシダマシ *Byrsax tsushimenis* 73

74 ●オオコブスジツノゴミムシダマシ　*Bolitotherus cornutus*

ナガツノゴミムシダマシ *Dysantes elongatus*　75

76 ●アカオオクチキムシ *Cistelina tokaraensia*

●オオクチキムシ *Allecula fuliginosa*

78 ●クロホシクチキムシ　*Pseudocistela haagi*

●カタモンヒメクチキムシ *Mycetochara mimica* 79

80 ●ニセクロホシテントウゴミムシダマシ　*Derispia japonicola*

●コガネモドキゴミムシダマシ *Taiwanotrachycelis chengi* 81

82

●ホネゴミムシダマシ *Emypsara riederi* 83

84 ●オオモンキゴミムシダマシ　*Diaperis niponensis*

●モンキゴミムシダマシ　*Diaperis lewisi*　85

86 ●オオナガニジゴミムシダマシ *Ceropria sulcifrons*

●ニジゴミムシダマシ　*Tetraphyllus paykullii*　87

キンイロハンテンゴミムシダマシ Artactes guttifer

●シコンタテミゾゴミムシダマシ *Damatris* sp.

90 ●アオオオキノコモドキゴミムシダマシ　*Cuphotes* sp.

●アオモンオオキノコモドキゴミムシダマシ　*Cuphotes* sp. 91

92 ●ヒメニシキキマワリモドキ　*Pseudonautes purpurivittatus*

●ニジイロナガキマワリ　*Strongylium auratum*　93

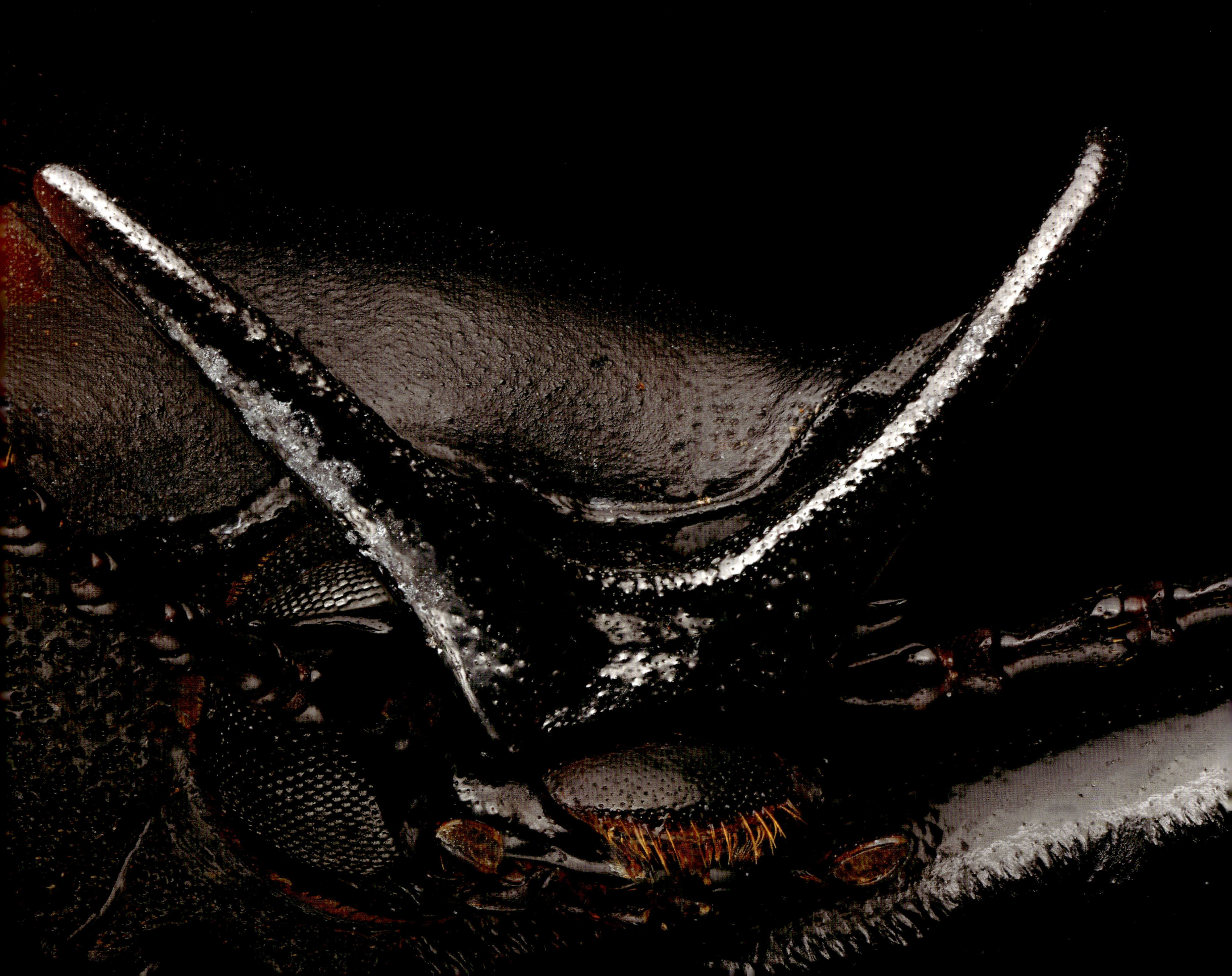

左ページ：オオツノユミアシゴミムシダマシの頭部

●オオウシヅノゴミムシダマシ　*Tauroceras angulatum* 95

96 ● ユミアシゴミムシダマシ *Promethis valgipes*

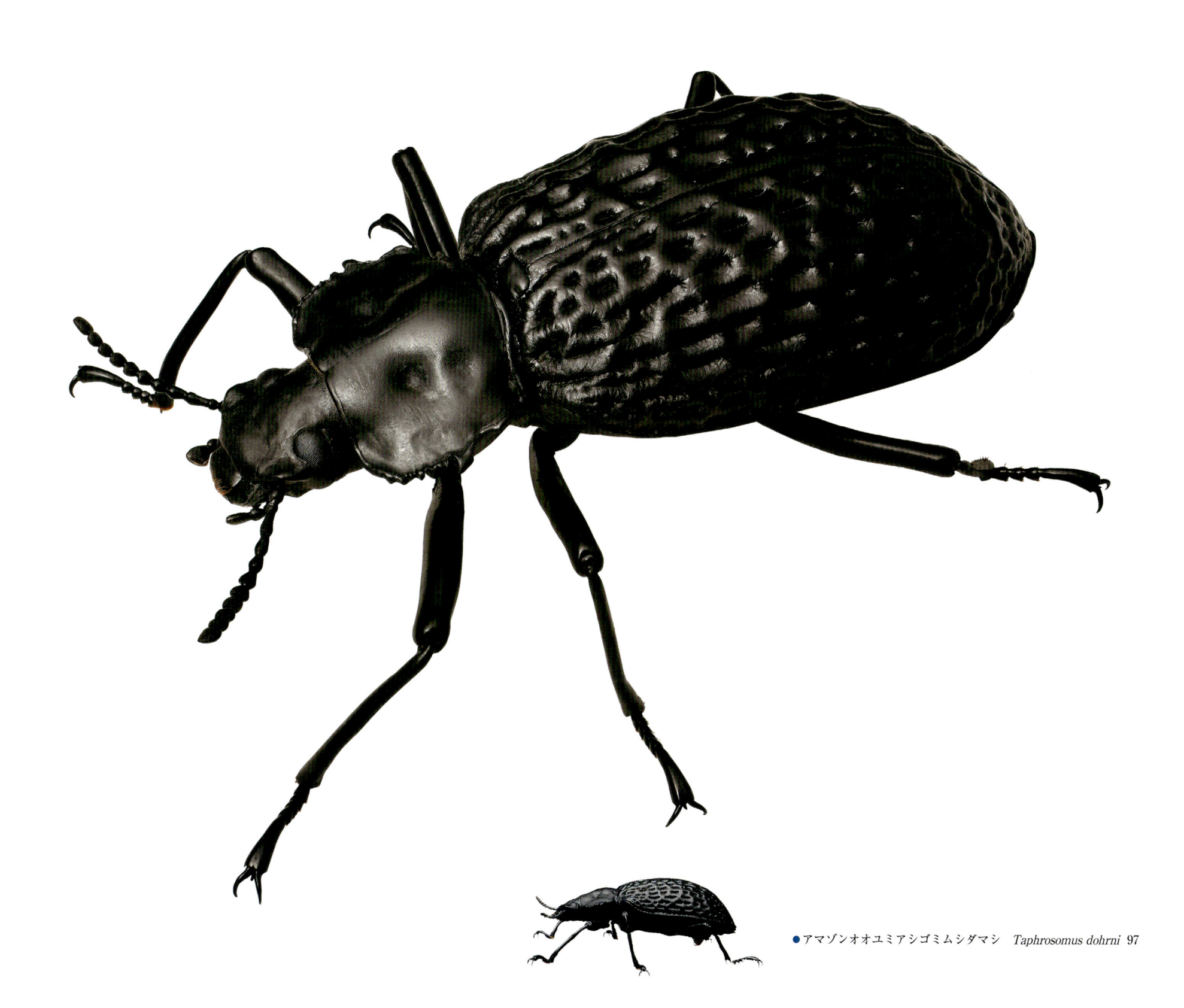

●アマゾンオオユミアシゴミムシダマシ　*Taphrosomus dohrni*　97

98 ●クビカクシゴミムシダマシ　*Stenochinus bacillus*

●コウシバネホソナガゴミムシダマシ *Homocyrtus dromedarium* 99

100

●オオキンイロナガキマワリ　*Gigantopigeus mirabilis*

102 ● カタハリフタコブゴミムシダマシ　*Thecacerus nodosus*

●ムツコブナガキマワリ　*Phymatosoma barclayi* 103

104 ●ミドリオオキマワリモドキ　*Campsiomorpha* sp.

解説
1：ゴミムシダマシの世界

　ゴミムシダマシの話は、いつもその名称からはじまる。ゴミムシというのもすごい名前だが、ゴミムシに似た虫なのでダマシをつけたというのが定説である。先ずゴミムシである。ゴミムシはよく知られているオサムシの仲間である。オサムシの仲間（オサムシ上科）のうち、オサムシ、ハンミョウなど少し生態や形態が異なる種以外のほとんどの種にゴミムシという名称がついている。見方をかえればオサムシ、ハンミョウなどでは、美麗な種が多いのに対して、ゴミムシは、同定も難しく、黒色を主体にした色彩で、地味な種の多い種類の総称として用いられているともいえそうである。古い文献では、この虫は「塵埃下、塵芥下」に棲息するという趣旨のことが書かれており、ゴミの下に棲息する虫という意味で、「ゴミムシ」の和名がつけられたと考えられる。

　さて、本題のゴミムシダマシである。生物では縁もゆかりもない種類でも似たような形態になることがある。そんなとき、マイナーな種の名称として使われるのが、「ニセ」、「モドキ」そして「ダマシ」である。　ゴミムシとゴミムシダマシは、その典型といいたいところであるが、私の目から見ると生態は勿論、形態も似ているとは思えない。勿論似ている種もいるのだが、後述するように、ゴミムシダマシは、様々な種と似ている。目につきやすい大型の種の中に似ているといえば似ていないこともない種がいること、両者とも地上を歩き回ること等から名付けられたのだと推察するしかない。

　つまり、ゴミムシダマシは、マイナーなゴミムシに輪を掛けたマイナーな昆虫ということになる。しかし、作品を見ていただいた感想はどうだろう。ゴミムシダマシが、実に多様で、魅力ある昆虫たちであることを感じていただけたのではないだろうか。我が国では、昆虫愛好家の中でのみ「ゴミダマ」と略して呼ばれ、一定の認識があるが、一般的とはいえない。しかし、美的感覚が違うのか、欧米では、我が国よりは人気があるようである。

1）変幻自在な多様性

　多様な形態がゴミムシダマシの大きな魅力である。しかも、その形態には統一した方向性が見えない。他の科の種に似たものも多く、分類上の定義を詳しくみないとゴミムシダマシかどうかの判定すら難しい。まさに、変幻自在な多様性を有する。変幻自在と表現した多様な形態を紹介しよう。

○他人の空似

　ゴミムシダマシには他の科の昆虫と似た形態の種が多い。前書きで紹介したようにタイミング良く、他の科の種に似ていることを主題としたゴミムシダマシの論文が発表された（[1]以下「科の壁を越えて」）。ここでは、この論文を参考にしながら私なりのまとめをしてみよう。まず、ゴミムシダマシというからには、ゴミムシに似ている種がいなければおかしい。勿論これも存在する。先ずは、ゴミムシに似たゴミムシダマシを紹介する。ヒサゴゴミムシダマシとミヤマヒサゴゴミムシがよく似ている（図01）。ヒサゴとは夕顔やヒョウタンの総称である。つまりヒサゴはヒョウタン型の昆虫につけられた名称である。ヒサゴゴミムシダマシは、飛ぶことをやめた種の一つである。「科の壁を越えて」によれば、「飛翔をやめた甲虫類は系統とは関係なく、肩の張りを失ってヒョウタン型になる傾向があり、近縁に見える場合が多い」の

図01：ヒサゴゴミムシダマシ（上）と
ミヤマヒサゴゴミムシ（下）
http://piropirohold.blog.fc2.com/blog-date-201209.html

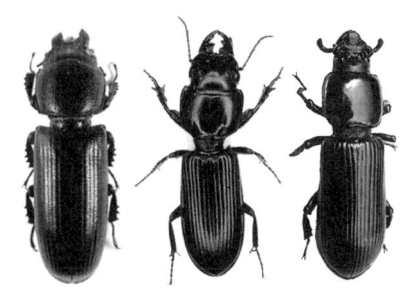

図02：クロツヤモドキゴミムシダマシ（右：P17）、ヒョウタンゴミムシ（中央：http://www.mushidb.com/detail.14514.html）、アフリカのクロツヤムシ（左：http://www.beetlesofafrica.com/beetle_detail.asp?beetleid=219&page=1&count=y）

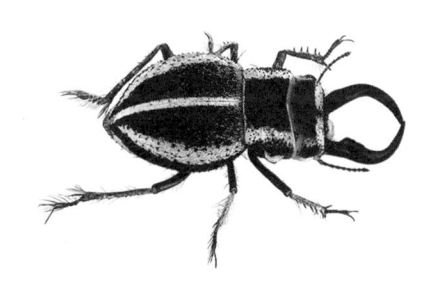

図03：クワガタモドキゴミムシダマシ（P27）
― アフリカに棲息するクワガタムシに似たゴミムシダマシ ―

図04：南米のオオキノコムシの1種（上）と
アオモンオオキノコモドキゴミムシダマシ
（下：P91）

だそうだ。驚いたのは、ゴミムシの中でも特異な存在であるヒョウタンゴミムシに似たゴミムシダマシがいることである。ヒョウタンゴミムシほど大顎は発達していないが、がっしりとした体格、前胸と中胸の間がくびれヒョウタン型になっているところなどよく似ている。ただ、このことはクロツヤムシにもいえることで、「科の壁を越えて」ではクロツヤムシに軍配を上げている（図02）。

人気のクワガタムシのような立派な大アゴのある種もアフリカにいる（図03）。初めて見た時は、とてもゴミムシダマシとは思えなかった。日本にもカブトゴミムシダマシという名称の種がいるが、カブトムシを思い起こさせるほどではない。

次に、オオキノコムシに似た種を紹介する。オオキノコムシとは、その名の通り、キノコを食料とする昆虫の仲間である。ゴミムシダマシにもキノコを食料とする仲間がいる。その中で両者の形態が酷似している種がいる。南米にいるオオキノコムシのなかまには、胴体の背がおむすびのように盛り上がっている種がおり、その特異な形態に加え派手な色彩もあり人気がある。ところがこの仲間とそっくりなゴミムシダマシがいる（図04）。私の目からはその違いがわからないぐらいよく似ている。我が国にいるオオキノコムシはそれほど大型ではないが、結構派手な模様の種が多い。そして同じ場所によく似たゴミムシダマシが棲息する。

次は、ホタルである。このことは「科の壁を越えて」を読むまでは全く知らなかった。とてもおもしろいので、急いで標本を探した次第である（図05）。色合いはたしかによく似ている。

テントウムシに似ている種もいる。ニセクロホシテントウゴミムシダマシは、テントウムシによく似ている。所謂テントウムシ型の昆虫は多い。ゴミムシダマシだけがよく似ているのだとはいえそうもない。このような例は他にもある。ゴミムシダマシの仲間のハムシダマシにいたっては、ハムシ、カミキリムシ、カミキリモドキ等によく似た形態の種がおり、ちょっと見では区別が難しい。

よく似た種といえば、「擬態」が有名である。擬態とは、生物がその色彩や形態を環境（植物など）に似せたり（隠蔽擬態）、毒をもったり体が硬い等の理由で外敵に（主に鳥）襲われにくい種に姿形を似せたり（ベイツ型擬態）する現象で、生物の不思議の一つとなっている。ところが、ゴミムシダマシの例では、擬態をすることによるメリットがなさそうなのである。

生物学ではそのような場合にも答えが用意してある。それが収斂・平行現象である。平行現象とは、同じ祖先を有する様々な種が同じような形態になる現象をいう。これに対して、収斂は、縁もゆかりもない（何をもって縁もゆかりもないというかは難しいのだが）異なる種どうしでよく似た形態になる現象をいう。例えばコウモリと甲虫の羽のたたみ方がよく似ているということが収斂の例として挙げられている。昆虫の場合、科が異なると互いの関係は少し遠くなるが、祖先が異なるとはいえそうもないので、平行現象ということかもしれない。

昆虫は、ニッチを求めて進化するといわれる。ニッチとは、ある生物が適応した棲息領域（生態的地位）のことをいう。ニッチが似ていれば、自然環境が生物に及ぼす影響・生物に変化を与える圧力（淘汰圧）が似ていて、結果として形態が似てくるということはありそうである。ここで紹介した、ハムシ、ハムシダマシ、カミキリモドキなどが棲息する環境はよく似ている。

他の科の昆虫に似ているゴミムシダマシはまだまだ沢山いる。この項の最後に、「科の壁を越えて」のしめくくりの言葉を紹介しておこう「一見地味に見えるゴミム

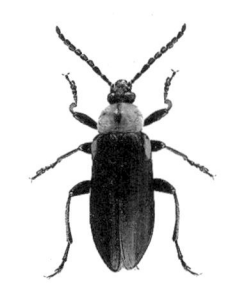

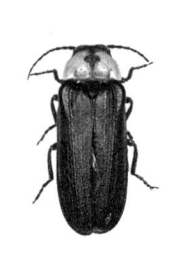

図05：ゲンジボタル（右：http://www.mushidb.com/detail.5931.html）、と
ホタルモドキゴミムシダマシ（左：*Eucaliga sanguinicollis*：チリ）

図06：ニセクロホシテントウゴミムシダマシ（左右下：P80）、トホシニセマルトビハムシ(右上：http://www.coleoptera.jp/modules/xhnewbb/viewtopic.php?topic_id=20)、ムツボシテントウ（上左：http://musikoi.main.jp/item/item0343.html）

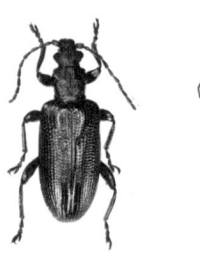

図07：アオハムシダマシ（右：P10）スゲハムシ（左）・フタイロカミキリモドキ（中央）
http://www.mushidb.com

シダマシだが、この虫には、生物の形態進化や多様性獲得の謎の解明にも繋がりうる大きな可能性が秘められている」。ゴミムシダマシの多様性に興味のある人にとって、「科の壁を越えて」は必読の論文と思う。

○ゴミムシダマシ特有の形態

　他の種に似ているというばかりでは、ゴミムシダマシのおもしろさを表現しきれない。ゴミムシダマシの形態の多様性は特別で、他の種には見られないような特徴をもつ種も多い。

　先ず、コブスジツノゴミムシダマシである。小型な体に大きな角、その形態は実に独創的である。どのように独創的かといわれても説明が難しいのだが、作品を見てもらえれば納得するだろう。うれしいのは我が国に多くこの仲間が棲息することである。特に対馬にいるツシマチビコブツノゴミムシダマシ（図08：P73）は見る者全てを感嘆させるに違いない不思議な形態である。

　次に紹介するのは、アフリカに棲むSepidiiniの仲間である。この仲間は、頭の上が冠のように隆起している（図09：P43）。鳥の名前によくある「カンムリ・・・」である。この種の映像を初めて見た時は驚愕した。体にトゲがある種は多いが、冠を持った昆虫は、ゾウムシで聞いたことがあるぐらいである。

　ハムシには、ジンガサハムシという変わった形態の種がいる。鞘翅が胴体より遙かに大きくなり、扁平で丸いかたちをしている。その中に子供を隠して天敵から守る種もいる。東南アジア・オーストラリアなどには、同じように鞘翅が拡大したゴミムシダマシ（図10：P13）がいる。ところがよく見ると傘といってもおちょこになっている。これがどういう意味かさっぱりわからない。もしも砂漠に棲んでいてこれで雨水を集めるのなら素晴らしいのだが。

　アリやシロアリと共生し、これらと関係の深い昆虫の形態は、なぜだかわからないが、特別なかたちをしている。ゴミムシダマシの場合も例外ではない（図11：P06）。九州大学の丸山宗利博士から提供いただいた4種（P29,P70：アリ、P06,P69：シロアリと共生）を本書に収録できた。一定の傾向があるわけではないが、どれも見たことがないような特別な形態である。

図08：ツシマチビコブツノゴミムシダマシ（P73）

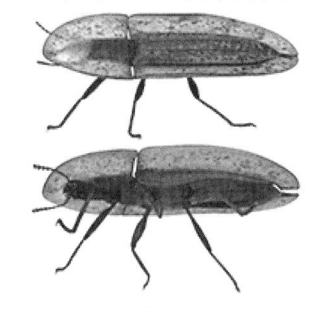

図10：サカサジンガサハムシダマシ（P13）

図12：コブスジツノゴミムシダマシ（P72）

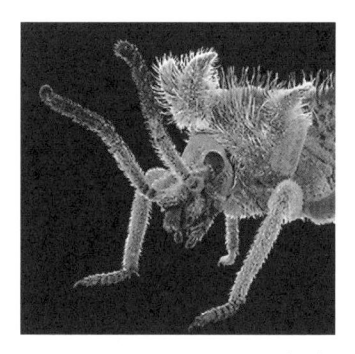

図09：オオカンムリゴミムシダマシ（P43）

図11：ヘンテコシロアリスゴミムシダマシ（P06）

図13：ナガツノゴミムシダマシ（P75）

○多様な形態の角

ゴミムシダマシには角をもつ種が多い。角といえばカブトムシや糞虫など比較的大型の種が思い浮かぶ。ゴミムシダマシでは、小型の種にも様々な角がある。その形態も多様である。この角がどのような役割を果たしているのか、カブトムシ・クワガタムシでは研究が進んでいるようだが、ゴミムシダマシではどうだろう。

前項で取り上げたコブスジツノゴミムシダマシの仲間の（Bolitotherus cornutus）での研究があることを見つけた[2]。このゴミムシダマシは、5年も生きるという。雄にツノがある。このツノの大きさの変異はとても大きいそうで、大きいものは体長の半分にも達するが、小さいものはほとんど発達せず雌のようだという。このゴミムシダマシは、キノコを食料として生活する。雄同士が出会うと角を突き合わせて戦い、どちらかが退散するかキノコから落とされるまで戦う。研究の結果、雌を得て交尾に成功する確率は、60〜70%大きな角の雄に占められるという。この辺りは、カブトムシやクワガタムシと同様の傾向にあるといえるのかもしれない。

コブスジツノゴミムシダマシの角は、胸（前胸）から出ている（図12:P72）。ところが、ゴミムシダマシには、頭（頭部）からのツノをもつ種が多い（図13:P75）。つまり、ゴミムシダマシの角は、胸から出るタイプと頭から出るタイプがあるということだ。頭部からの角のなかでもツノゴミムシダマシという名が付いた比較的大型の種の角は、特に多様である。

もう一つ、ゴミムシダマシの角で特徴的なのは、先端に毛を配置した種がいる（図14:P54）ことである。これは胸からの角をもつゴミムシダマシ、頭からの角をもつツノゴミムシダマシ共通の特徴である。

では、カブトムシなどには存在する胸と頭の両方に角のあるゴミムシダマシはいないのか。いる！例えばラオスにいるミツノコブツノゴミムシダマシ（図15:P71）である。

最後にもう一つとんでもない角をもつゴミムシダマシを紹介しよう。ベニモンキノコゴミムシダマシ（図16）である。どう考えても異常型かと思ったが、採集してみると全て非対称であった。しらべてみるとこれが正常な姿とわかった。右の角が長く、その先にはちゃんと毛が生えていた。

○斑紋変化

虫の模様は様々だ。種によりその模様が異なり、それが、種の同定に使われることもある。ということは、種により、その斑紋の現れ方は安定していることになるのだが、そうだとばかりとはいえないようだ。同一種で、多様な斑紋をもつ種がいる。有名なのは、ナミテントウである。ナミテントウの斑紋変化については研究が進んでおり、「ナミテントウには、斑紋に関する4種の遺伝子が存在し、各個体はそのうちの2種を持っている[3]」のだそうだ。

ナミテントウほどではないが、ゴミムシダマシにも、斑紋変化の大きな種がいる。ホネゴミムシダマシだ。本

図14：オニツノゴミムシダマシ（P54）

図15：ミツノコブツノゴミムシダマシ（P71）

図16：ベニモンキノコゴミムシダマシ

図17：ホネゴミムシダマシ（P82-P83）

書に収録した4個体のホネゴミムシダマシは、同日同所で採集されたものである。確かに、斑紋の現れる原則のようなものは見て取れるが、一見したところ、同種とは思えない様な斑紋である。

○いろいろな眼

多くのゴミムシダマシを見ていると、眼が小さな種が多いということに気づく。そして、多くの昆虫と異なり眼の表面が反射しないため、生きているとは思えない眼をしている。何処に眼があるかわからないような種もいる。砂漠に棲息する種にこの傾向が強いと感じる。

一方、とても面白い形態の眼をもつ種もいる。眼の形態というよりは、体の形態が面白いのである。オーストラリアにいるアナアキカメノコゴミムシダマシ(図19：P05,P64)は、大きなカサをしょっているが、眼のところだけ穴をあけ、どう考えても、上下どちらでも見れるようにしているとしか思えない格好をしている。

○歴史の中のゴミムシダマシ

古代エジプト人は、昆虫（特に甲虫）に注目し、神の使いなど様々な役割があると考えた。最も有名なのは、糞を球状にして転がす習性があるスカラベ（糞虫）である。「太陽神ケプリが日輪を押して天空を行く姿と重ね合わせた古代エジプト人は、この甲虫をケプリ神の象徴をみなしたと考えられている[4]」そうだ。

実は、ゴミムシダマシにも重要な役割をがあるとエジプト人が考えた種がいる。ハカマモリゴミムシダマシ(図20：P34)である。作品を見ていただくとわかるように、頑丈な鎧のような体と鞘翅には鋭い刺が放射線のように並んでいる。この形態から、「故人を守る護符として邪気を振り払う役割を担っているとみなし、遺体の頭部近くの壺に24匹のハカマモリゴミムシダマシが収められていた[4]」という。

ゴミムシダマシと近縁のコブゴミムシダマシは、マヤの時代から、生きている装飾品として使われていたという。それは、固い鞘翅をもつこの仲間は乾燥に強く食料なしでも永い間生きることが出来るからだという。調べると生きているメキシコアトコブゴミムシダマシの体に宝石を貼り付けてブローチにしている（図21）ようだ。この伝統は現在でも受け継がれているようで、ネットでも紹介されている[5]。この辺の事情を詳しく述べた記述を見つけた。面白い話なので、少し長いが引用してみよう[6]。

「西半球において、最もよく知られている生きた昆虫宝石はアトコブゴミムシダマシの一種 *Megazopherus chilensis* を使ったもので、メキシコや中央アメリカでよく知られている。この甲虫はメキシコ南部からベネズエラにかけて分布し、枯木の周辺で見つかるので、それはおそらく菌糸を食べているのだろう。ユカタン半島では、この甲虫は「ma'kech」として大変有名であり、輝く色とりどりのガラス玉で飾りたてられる。古代のユカタン伝説によるとこの甲虫を小さな鎖や糸にくくりつけたり衣服に針で留めたりしたという。若いマヤの王子は、月の神により自分をこの甲虫の姿に変えてもらい、彼の恋人の護衛隊に捕らえられないようにした。彼の付き人は、愛する人への想いに対する王子の行動に深く心を打たれ、「汝は人間を飾る」を意味する言葉「ma'kech」をつぶやいて、王子の勇気を称えた。この言葉はまた、「食べない」をも意味している。王子は長い期間の断食にも堪え忍ぶことが出来たが、それもこの甲虫の特徴である。アトコブゴミムシダマシのぶ厚い外骨格は乾燥から身を守ってくれる。たとえ糸でくくりつけて飾り付けた甲虫であっても、それに朽ち木や穀類、リンゴなどを餌として与えて上手に世話をすると、この甲虫は数ヶ月も生きること

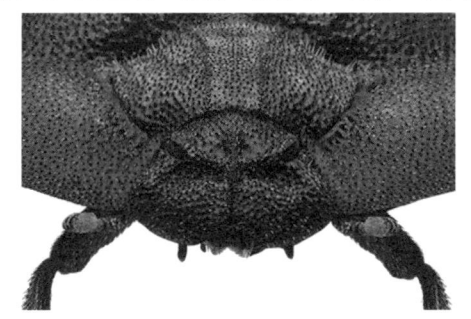

図18：ヘルメットゴミムシダマシ（P45）

図19：アナアキカメノコゴミムシダマシ（P64）

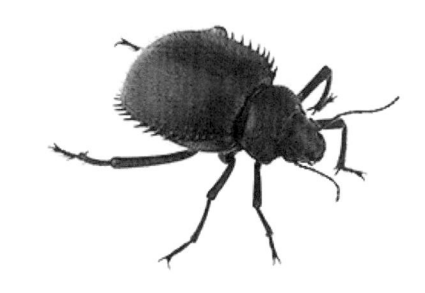

図20：ハカマモリゴミムシダマシ（P34）

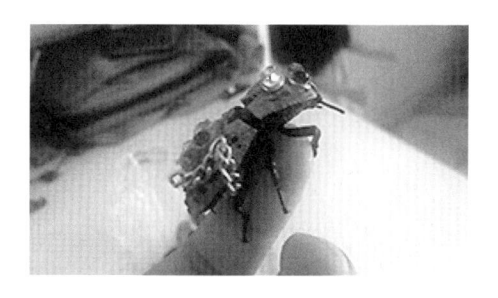

図21：宝石をつけたメキシコアトコブゴミムシダマシ
http://commons.wikimedia.org/wiki/File:El_makech.jpg
ⓒ Rebeca Maria Nieto Cervanets

が出来る。
さらに、米国らしい後日談も紹介されている。

　1991年、ロスアンジェルス自然史博物館の昆虫園は、突然、動物虐待防止協会（SPCA）パサディナ支局から連絡を受けた。その連絡によると、パサディナ支局にこの宝石甲虫が一匹いるという。それはラインストーンで包まれ、輝くばかりの美しさであった。誰かが住宅街を這い回っていたこの甲虫を見つけたが、あまりに派手な色彩をしていたので、この甲虫は有毒と思われ、警察に通報した。警官は、甲虫の体に鎖がつけられているのに気づき、これは動物虐待の一種ではないかと思い、SPCAに警告を伝えたのである。マスメディアはこの事件に飛びつき、国内・国外どこででもこの話はもちきりとなった。SPCAは、自然史博物館が昆虫園を開設したと聞くとすぐに、博物館にこの甲虫を引き渡した。ちなみに、この甲虫は、引き取られてから1年近くも生きていたという。

○映画の中のゴミムシダマシ

　ハリウッド映画の中で、昆虫をモデルにした生物が多いのはよく知られている。「スターシップ・トゥルーパーズ」に出てくるタンカー・バグ（図22）は、ゴミムシダマシ[7]がモデルだというので、映画を見てみた。それらしい形態の化け物が出てきた。腐食性の有機酸を後頭部から放出する。ゴミムシダマシが、自己防衛手段として体液を放出する手段をもっていることからの連想だろう。ゴミムシダマシの防御物質は腹部の末端近くで放出するの種が多いのだが、ツヤケシオオゴミムシダマシの仲間では、前胸にその腺をもっている種がいる。後頭部とはいえないが、近い場所から、放出するようだ。ちなみに、尾部からプラズマを圧縮射出するプラズマバグは、オサムシ科のミイデラゴミムシ類(通称ヘッピリムシ)が、防御物質を尾部から勢いよく噴射することからのヒントだそうだ[7]。

　また、ジョディ・フォスター主演の映画「幸せの1ページ」の中で、ミールワームの炒め物を食べるシーンがあるそうだ[8]。

　映画「ハムナプトラ」でも甲虫が重要な役割を果たしてるので、よく見てみたが、ゴミムシダマシではなく、スカラベであった。

　日本では、操上和美監督映画、「ゼラチンシルバーLOVE」は、砂漠でのキリアツメゴミムシダマシ(図24)の生活を見たのがヒントになったそうだ[9]。

　また映画にもなったポケモンゲームのキャラクタにキマワリという名を見つけた。ゴミムシダマシ科のキマワリと思ったが、植物のキャラクターだった。

○薬・食料としてのゴミムシダマシ

　九龍虫という霊薬があった。この虫を生きたまま服用すると活力が全身にみなぎるという精力剤で、昭和初期・戦前そして1950〜60年代と3回の大流行があったという。どうも怪しげな薬なのだが、3回大流行したというのだからすごい[10]。何故こんな話を持ち出したかというと1942年生まれの著者の記憶にこの名称が残っているからである。子供の頭に残るほど一般的だったようだ。ちなみにこの虫は、キュウリュウゴミムシダマシの幼虫である。

　ゴミムシダマシの幼虫といえば、ミールワームである。後で詳しく述べるが、主な利用法は、人間以外の動物の食料である。ところが、これを食べる人間がいる。昆虫食といえば東南アジアが頭に浮かぶ。しかし、ミールワームの場合の話題は、メキシコ、米国からである。前述のように、ミールワームを食料とするのは、それほど奇想天外なものではないようである。現に米国ではミールワーム入りのキャンディが販売されているようだし[11]、メキシコでは、ミールワーム入りのスパゲッティ[12]があるようである。

○不吉な学名のゴミムシダマシ

　ゴミムシダマシは、黒い体色の種が多く、且つ暗い

図22：タンカー・バグ
ポール・M・サイモン
「スターシップ・トゥルーパーズ　新世紀架空戦記映画製作全史」
竹書房

図23：タンカー・バグの模型
http://www.tanksandtrolls.co.uk/Starship%20Troopers%20Arachnid%20Empire.htm

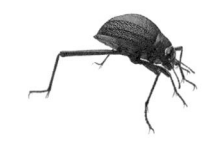

図24：キリアツメゴミムシダマシ

図25：キュウリュウゴミムシダマシ
http://www.zennokyo.co.jp/table/table_029.html

図26：ミールワーム入りキャンディ
http://www.flickr.com/photos/kipling_west/7751103286/
© Kipling West

環境を好む。そのため、明るい印象をもつ人は少ない。それが学名に反映されている種がいる[13]。*Blaps lethifera* と *Blaps mortisaga*（図27）である。前者は、「死の前兆」、後者は「死の予言」という意味だそうだ。また、*Blaps mucronata* は、学名は先のとがったという意味のようで、上翅がとがっていることからの命名と思われるが、英名は *Churchyard beetle* つまり、「墓地の甲虫」となっている。まあ、クロアゲハをはじめ黒い生物から連想は、不吉という言葉がつきまとうので仕方がないといえば仕方がない。生物にはなんの責任もないのだが。

2）おもしろい習性：多様な生態

ゴミムシダマシは、きのこや枯木を食料とする種が多い。それらの種は、湿気の多い薄暗い森林をすみかとしている。しかも黒色の種が大半を占めるため、目立たない存在である。*Darkling Beetles* の名の所以である。一方、最も有名なゴミムシダマシは、生物にとって最も過酷な環境に一つである砂漠に棲んでいるし、海岸で暮らしている種もいる。ハムシダマシは、訪花性のカミキリムシと同じような生活をする。ゴミムシダマシは、生活の場も多様なのだ。

○砂漠で生活するゴミムシダマシ

砂漠で生活するゴミムシの形態はさまざまだ。そして、地域特有の形態がはっきりとわかるのが面白い。それは、一概に砂漠といってもその環境は大きく異なることと、砂漠はいわば陸の孤島であり、他の砂漠とは孤立した存在のため、砂漠毎に特徴のある形態の種が生まれたのではないか。

さて、砂漠で生活をするためには、いろいろな条件を克服しなければならない。その中で、ほとんどの砂漠で適応しなければならない条件は、水分の不足である。つまり、形態としては、隔離された条件で進化したために異なるものが多いものの、水の確保が不可欠という点では一致しているわけで、機能としては共通する部分が多いのである。それは、次のような機能だという。

「（1）鎧のような固い外骨格で体を包んでおり、硬皮を融合させている。さらに体表をワックスで覆っている。これらは、苦労して獲得した水分を蒸発させないためである。（2）呼吸時に水分を逃がさないように、気門を随時閉じることが出来る。（3）柔毛という髭のような剛毛で覆われているため、断熱効果が増し、水を保ちやすい。（4）粉末状のワックス層が、更に水の消失を妨げる。[14]」

必ずしも、全ての種に当てはまるわけではなさそうだが、重要な要素であることはよくわかる。

一方、体型については、一概にはいえないような気がする。（1）水分を蓄えるためには出来るだけ大きなからだが必要である。しかし水分の蒸発を押さえるために表面積の小さくしたい。そんなことから、砂漠に棲むゴミムシダマシは、固い外骨格に加え球形で厚みのある体をもっているものが多い。また、前述のように硬皮の融合は、飛ぶ能力を犠牲にする（無翅）ことをも意味している[15]。一方で、（2）円盤形の扁平な種も存在する。これらは、いかにも砂に潜りやすい体型をしている。砂漠では、後述するように少し潜れば急激に温度が下がるため、暑さから逃れる最も有効な手段なのである。

次は如何にして水分を獲得するかである。最も古い砂漠といわれるアフリカ南西部（砂漠化してから5500万年）に拡がるナミブ砂漠は、年間降水量が10ミリ以

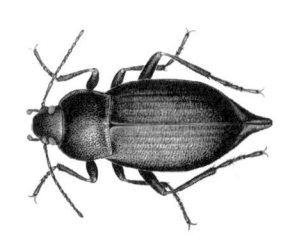

図27：*Blaps mortisaga*
http://www.zin.ru/animalia/coleoptera/rus/blamorfs.htm

図28：ナミブ砂漠のゴミムシダマシ（P51）

図29：チリのゴミムシダマシ（P23）

図30：キリアツメゴミムシダマシ
http://www.flickr.com/photos/jamesharrisanderson/5727784452/

下だという。驚くことに。この砂漠には、ゴミムシダマシだけで、200もの種が棲息する[16]という。砂漠の気候は過酷である。昼には50度から60度にも達する。湿度は15%という乾燥地帯である。ところが、砂の中に7.5ｃｍ潜れば温度は27度湿度90%となる[16]。このため、暑さを避けるため砂に潜り込む。食料は、風に乗って飛んできた動物の死骸や植物の破片などである。

　問題は水分である。多くの昆虫は、水分を植物からのみ採取する[17]。ところが、ここに棲むキリアツメゴミムシダマシは、水分を摂取する独創的な方法を開発した。ナミブ砂漠は雨は降らないものの海岸に近いため海からの水蒸気による霧が、夜間に定期的に発生する。この時、キリアツメゴミムシダマシは長い後肢を使ってお尻を高く上げ、頭を下げる体勢（図30）を取る。霧はキリアツメゴミムシダマシの表面で水滴に変わる。その水滴は、体を伝って低い方に流れていく。その先端には、口があるという仕掛けである[18]。このような生態に注目し、キリアツメゴミムシダマシの背中の構造を調べた研究者がいる。結果、その背中には微細な凹凸や溝があり、霧の中の水分を水滴化しやすくしているだけでなく、その水滴が口元までとどく構造となっていることが判明したという[19]。そしてそれを製品化する会社まで現れている[20]。

　霧で湿る砂から直接水を取り込む種もいる。Lepidochora属のゴミムシダマシ（P46）は、霧の間、湿った砂面で深さ2-4mmの浅い溝を造る。溝は、霧を含んだ風の方向にかつ傾斜をもっている。前述のように、砂を掘ると湿気は高くなるのに加え、霧がそれを増大する。その水分を摂取するのである（図31）[21]。

　南北アメリカの砂漠でも同じような生態の種はいるようだが、ナミブ砂漠のような砂だけの環境ではなく、岩やサボテンのような植物も存在するため、生態は異なると思われる。

　北アメリカに棲むペットとしても人気のあるイボゴミムシダマシは、成虫になった当初は、美しいブルー系の色彩である。ところがしばらくすると黒色に変化する。つまり標本を手に入れても、ブルーのものはない。カリフォルニアの友人に依頼して、出来るだけ新鮮な個体を手に入れて撮影したが、生まれたての美しさはなかった。よく調べてみると、色の変化は、空気中の水分によるものであることがわかった。そのため、乾燥した砂漠では、結構長い時間ブルーの色を保つのではないかと考えている。このブルーの物質は、鞘翅にある瘤条の突起の先端から分泌するという。この物質は、前述のように水分の蒸発を防ぐためのワックスの役割をする[22]。頑丈なクチクラと、ワックスの2重防御で、過酷な砂漠の環境に立ち向かっているというわけだ。甲虫には、コフキと名のついた種がいる。これらは、同じように体液を出す。それが乾燥すると粉状になり体を覆う。但し、これらは、ワックスではないので、触れば直ぐにはがれ落ちる。羽化直後でもない限り、自然状態で、完全な姿を見つけるのは難しい。さて、これがどんな効果があるのか、さっぱりわからない。

○海浜にいるゴミムシダマシ

　海浜にもゴミムシダマシは棲息する。同じ砂地でもこちらの方は、乾燥の心配はなさそうだ。これらのゴミムシダマシは、成虫・幼虫ともに動物の死骸、腐植物・海浜植物（海藻など）などを食料としている。本書には、ホネゴミムシダマシ（P82-P83）とハマヒョウタンゴミムシダマシ（P30）を収録している。ホネという

図31：水分を補給するゴミムシダマシ
http://www.asknature.org/strategy/40890987079e59d203d15d2ad44681e5

図32：イボゴミムシダマシ（P49）

図33：ハマヒョウタンゴミムシダマシ（P30）

名前の由来はよくわからないが、浜に打ち上げられた魚の死骸を食べているところからの命名かもしれない。ホネを食べるわけではない。この2種は、他のゴミムシダマシには見られない体型と結構目立つ模様のゴミムシダマシである。海浜にいるのは全てこのような種というわけではなく、オオスナゴミムシダマシやマルチビゴミムシダマシのように、所謂ゴミムシダマシ色の種が多い。もっとも、派手なハマヒョウタンゴミムシダマシの方が、砂浜では保護色となっており、見つけにくかった。

○キノコ（菌類）に集まるゴミムシダマシ

甲虫と菌類は深い関係がある。初期の甲虫の多くが菌類を食料としていたし、現在でもその食性が続いている種が多い。被子植物の出現で花と昆虫の関係が注目されたが、それより前、菌類の共生生物として生活に取り入れ、菌類もまた甲虫により進化したものが少なくないという [23]。

この指摘は、とても興味深い。確かに菌類は植物よりも先に昆虫と関わりを持った可能性が高い。われわれは、日常的に目につく花や木と昆虫の関係に目を向ける。菌類は小さいので、なかなか目につきにくいのも事実である。しかし、自然というシステムの中で、営々と続けられてきた昆虫と菌類の関わりは、昆虫に関係するもう一つのネットワークであり、それが現在でも存在しているのだと認識すると地球上の自然の奥深さを感じずにはいられない。

「落ち葉や枯木は、菌やバクテリアの作用で腐植物になる。腐植物を食べる甲虫たちは、必然的にそれらも食べている。そんな中で、美味で栄養価の高いキノコだけを食べる幼虫が出現しても不思議ではない。[24]」という。

そんなわけで、キノコには多くの甲虫が集まる。そうすると、その虫や幼虫をねらって、寄生蜂や寄生蝿がやってくる。捕食を目的とするのは、肉食のゴミムシ、エンマムシ、ハネカクシ、カッコウムシなどである。つまり、小さいながら、キノコをめぐって生態系が生まれているといえるだろう。

ヒトクチタケという松の枯木に生えるサルノコシカケの仲間のキノコがある。このキノコ、裏側に丸い穴が空き、中が空洞になっている。この空洞が、キノコを好む甲虫の格好の住処となっており、カブトゴミムシダマシ、ヒラタキノコゴミムシダマシ、オオヒラタケシキスイなどが棲み着くという [25]。「むしろキノコがカサの後ろがわに部屋を作って虫を棲まさせているといった方が適切かもしれない [26]」といっているが、真偽のほどはわからない。熟すと下部に穴が開き、そこから胞子を放出する。ゴミムシダマシの師匠である秋田先生は自然観察の経験からゴミムシダマシとキノコの関係を以下のようにいう [27]。「ヒトクチタケにあつまる甲虫は、これの胞子運搬に大きな役割をになっているはずです。孔がそれゆえ開いているかどうかは別だが。ヒトクチタケにとっても彼らの存在は好ましいものです。また、ヒラタケ科は、キノコゴミムシダマシの仲間がよく食べていますし、これの干からびたものには多くのゴミダマが集まります。テングタケ科やイグチ科のように地表からはえるキノコは利用されません。枯れた木からはえるキノコが利用されます。キシメジ科でも枯れ木にはえるヒラタケなどはよく利用されますが、地表からはえるホンシメジやハタケシメジは利用されません」。なるほど、前述のキノコをめぐる生態系の一端を垣間見ることが出来る。

図34：ニセツノゴミムシダマシ
（むし社：小林信之さん提供）

図35：ヒトクチタケ
下部に穴が見える（左）、内部には空洞がある（右）
http://hanmmer.cocolog-nifty.com/blog/2009/06/post-d3d4.html
http://tohki.weblike.jp/kn2/2009/08/post-81.html

図36：カブトゴミムシダマシとヒトクチタケ
http://blog.goo.ne.jp/field-seasons/e/518a9c780d3cca9c390a34f4f961608c

○枯木を食べるゴミムシダマシ

枯木や朽ち木の木の中で幼虫が育つ甲虫は多い。確かに、枯木や朽ち木は外敵に襲われにくい住処である。枯木と朽ち木と昆虫の関係を大きくとらえた林長閑さんの記述がある。少し長いが引用してみよう [28]。

「森の中で活力を失った一本の大木、それはどのような道すじをたどって朽ち果てるのだろうか。

甲虫が活力旺盛な樹木を攻撃することは少ない。だいたいは木に衰えがめだち始めてから攻撃するのである。キクイムシは衰弱した木からだされる誘引物質のよって飛来することが知られている。健全な樹木はこのような物質を出さないので、攻撃されることはない。もし健全な樹木に虫がもぐり込めば、その樹液で体やトンネルをかためられてしまうかもしれない。

衰弱した木には、まずカミキリムシやキクイムシ等の幼虫が棲みつく。堅い材の中にトンネルをあけてもぐりこむ幼虫には、体が円筒形に近いものが多い。また、せまいトンネルの中では、足を使うよりも体の伸縮による移動のほうが都合がよいために、キクイムシ、ゾウムシ、タマムシなどの幼虫では足がすっかり退化してしまっている。カミキリムシの幼虫にも足をもたないものが多い。もしあってもいちじるしく小さい。

それらの昆虫をねらってカッコウムシ、ハネカクシ、ホソエンマムシなどの天敵がトンネルの中にもぐりこむ。

やがて、サルノコシカケのような木材を腐らせる菌類がはびこり始める。菌糸は組織の中に拡がりキノコを生ずる。前述のようにキノコで生活する甲虫は多い。つぎつぎと、いろいろな甲虫がやってくる。

一方、菌類によって木材の主成分であるセルロースやリグニンは次第に分解されて虫達が潜り込みやすくなり、また食べやすくもなる。枯木は朽ち木に変貌していくのだ。樹皮下にはアカハネムシ類の幼虫などが、材の中にはゴミムシダマシ類幼虫などが、それぞれ居をかまえる。それらの虫を求めて、ヒラタムシ類やコメツキムシ類などの新たな天敵がやってくる。

天敵は甲虫ばかりではない。寄生バチや寄生ハエ、さらにムカデやクモのような昆虫以外の節足動物、そして、ときには野鳥や小型の哺乳類までやってくる。

樹皮がはがれ落ちてしまった朽ち木には、ヒラタムシやアカハネムシなどは棲みつくことはできない。朽ちてもろくなった木は、やがて倒れてコケが生え始める。クチキムシ、カブトムシ、ハナムグリなどの腐植土を好む甲虫たちがやってくる。枯木はこのように多くの幼虫たちに利用されつくされ、土に還元されていくのである。」

我々は、巨木が倒れ明るくなった空間に新しい木の芽が出て、自然のサイクルが繰り返される様を映像で見ているが、実はその裏では、もっと複雑で魅力的な自然のシステムが機能しているのだ。

さて、ゴミムシダマシの立場から考えてみよう。紹介した文にも少し書かれているように、ゴミムシダマシが好むのは、木が弱まった初期ではなく、また、朽ち果ててしまった時期でもないようである。秋田先生に言わせると、「立ち枯れを探せ」ということになる。

つまり、朽ち木はおそらく、立ってはいない。勿論人為的に、また、台風などで倒れた木もあるだろうから、一概にはいえないが、枯れてから、2～5年ぐらいの木がよいのではないかということになる。

○植物との戦い人間との戦い（害虫）

地球上に多くの昆虫が出現してからしばらく（3億年前～1億5千年前）は、裸子植物（針葉樹など）の時代であった。この時代、昆虫の幼虫は、菌類に適応、針葉樹にも適用したものもあった。そして、花をもつ顕花植物全盛時代とともに昆虫も繁栄を遂げたのである。

ゴミムシダマシの仲間のほとんどの種が、菌類（キノコ）や枯木腐食した木葉などを食料としている。比較的明るい場所を好むハムシダマシの類でも幼虫時代は、同じ食性である。植物食のものもいるが、草や木の葉ではなく、地衣類や苔を食料として利用する（図39）。ということは、ゴミムシダマシの類は、古い食性のまま現代まで生き残っているのだといえるのかもしれない。もっとも、生きた草や木の葉を幼虫の食料として利用出来る甲虫はそう多くない。1億年前に起こっ

図37：カシノナガキクイムシ [29]

図38：ユミアシゴミムシダマシ
http://www2.wbs.ne.jp/~musi/xkogod09.htm

図39：コケを食べるクロホシテントウゴミムシダマシ
http://www5d.biglobe.ne.jp/~tengyu/shunkashuto/2006/0628kurohoshitentougomimushidamashi.htm

た被子植物の出現にうまく適応進化して爆発的な種拡散を成し遂げたハムシやゾウムシが特例といえるかもしれない。葉を食べなければ、農業害虫にはなりにくい。甲虫の中で農業害虫にハムシ・ゾウムシが圧倒的に多いのはそのためである。

そんなゴミムシダマシにも貯穀害虫となっている種がいる。世界的に拡がっているコクヌストモドキをはじめ、ガイマイゴミムシダマシ、コメノゴミムシダマシ、チャイロコメノゴミムシダマシ、クロゴミムシダマシ、フタオビツヤゴミムシダマシ等が貯穀害虫（図40）となっている。コクゾウムシとは異なり、穀類に入ることは少なく、飼料工場や製粉工場のくず中に多いという[30]。吸湿して変質した穀粒や穀粉、飼料などを食害する。主な被害は、次項で述べる防御手段として放出するキノンによる異臭である。これは哺乳類にとっても有害だという[31]。

害虫か益虫かは、人間の都合で決められている。面白い記述を見つけた[32]。少し長いので要約を以下に示す。

「ガイマイゴミムシダマシは、養鶏場の鶏糞から大発生したことがあるという。このガイマイゴミムシダマシ幼虫／成虫ともにイエバエの卵・幼虫を補食する。このため養鶏場では、穀物の粉類などガイマイゴミムシダマシの食料となるものをこまめに清掃し、イエバエの羽化を押さえているところがある。これは、イエバエとガイマイゴミムシダマシが、鳥糞で発生することから、考え出された手段である。これには、永い物語がある。先ず、イエバエの抑圧のため、強力な殺虫剤が用いられる。ところが、長い間殺虫剤散布を続けた結果、殺虫剤に抵抗力のあるイエバエが出現したのである。このため人間は新しいタイプの薬品を使うようになる。これが、シロマジンという昆虫成長制御剤である。幼虫の脱皮時に新しい表皮の形成が阻害され、イエバエは変態できなるというものである。それでは、ガイマイゴミムシダマシも同じように変態できなくなりそうだが、逆に繁殖力が旺盛になるという。"殺虫剤を強壮剤に"と筆者は書いている。」

このようにして、本来害虫であるガイマイゴミムシダマシは、鶏舎で喜ばれながら暮らしていけるようになったのである。

○防衛手段

甲虫の採集道具として欠かせないのが、吸虫菅である。小型の昆虫を吸い込んで確保するための道具である。便利な道具なのだが、ゴミムシダマシでは、難点がある。容易に吸い込めるのであるが、そのうち刺激臭のある不快な臭いがしてくる。これは、ゴミムシダマシが自己防衛手段として体液を放出する手段をもっているからだ。

この防御手段も多様である。一番多いのは、腹部末端の節間（第3，第4節の後方：P118の図47参照）にある膜から防御物質をしみ出させる方法である。続いて、「スターシップ・トゥルーパーズ」に出てくるタンカー・バグがモデルにしたような前胸にある腺から放出する方法である。そして、おしりを高く上げて腹部の末端から放出する方法を採用した種（クロナガドウケゴミムシダマシ：Eleodes) もいる。この格好が面白いので、「Clown Beetles」と呼ばれているそうだ（図41）[33]。ということは、結構沢山棲息していて、一般の人にも目につくのだろう。一方、こんな神話[34]もある。

「昔この虫は、空に星を散りばめるようにいいつけられた。このように重要な仕事を任されたということで、彼は次第に我が強くなり、日がたつにつれてだんだん仕事がいい加減になってきた。そしてある日、彼はうっかりして星を落としてしまい、星は空中に散らばって、われわれが天の川と呼んでいるものが出来てしまった。その不注意からしたことを彼はすっかり恥じいって、今日に至るまで、だれかが近づきでもすると彼はその頭を泥の中に突っ込んで隠してしまうのだ」

防御物質については全くの素人でよくわからないのだけれど、しらべてみるとキノンという有害物質を腹部にため込んでそれを放出するのだという。キノンとは何かという説明は難しいのだけれど、以下のような

図40：主な貯穀害虫ゴミムシダマシ
http://www.naro.affrc.go.jp/org/nfri/yakudachi/gaichu/zukan_03.html

図41：威嚇する Eleodes 属
http://www.pteron-world.com/sandiego/sandiego-may2003.htm

図42：ヘッピリムシの噴射
http://i-visualium.net/view/2009/01/

もののようである [35]。

キノンとは、芳香環に二つのカルボニル基が結合した、疎水性の高い化合物群である。キノンは、電子を受容したり供与したりできる性質を持っており、酸化還元反応において電子の輸送体として働いている。生体内の化学反応で重要な役割を担っているキノンの例としては、電子伝達系におけるユビキノン、光合成プラストキノンなどが挙げられる。このようにキノンは生体に必須な物質であるが、同時に細胞毒性も強く、体内に大量に存在すると非常に危険である。ゆえに、高等生物は主に肝臓にてキノンを解毒する機構を持っている。

ゴミムシのなかで、爆発的に防御物質を発射する種（ミイデラゴミムシ類）がいるのは有名（図42）[36][37]だが、ゴミムシダマシの場合はにじみ出させる分泌様式となっている。それは防御物質を貯蔵する構造の違いによる [36] のだという。つまり、タンカー・バグのように、発射は出来ないのだ。

○擬態

これまで「変幻自在な多様性」と称して、ゴミムシダマシが他の科の種と似ていることを述べてきた。その中で、真似をするメリットが認められないので、擬態とはいえないのではないかとも述べた。全般的にはそれで間違いないのだが、例外もある。つまり、真似をする価値のあるゴミムシダマシも存在するのだ。それが防御手段の項で述べたクロナガヘッピリゴミムシダマシ (P53) の仲間である。威嚇手段をもつこのゴミムシダマシなら、真似をする価値があるというわけで、カミキリムシが真似をしているのだ。名称はサボテンカミキリ (*Moneilemas gigas*)。このカミキリムシの仲間、姿形（図43）だけでなく敵に対して防御物質を出す際のポーズ（図41）を真似をする [38] のだそうだ。

また、ニセツチハンミョウ（図44：P14）は、ツチハンミョウによく似ている。初めてこの虫を見た時、どうしてもゴミムシダマシの仲間とは思えなかった。ツチハンミョウは、危険を感じると肢の関節から黄色の液体をにじみ出す。これには、かなり強い毒成分であるカンタリジンが含まれている。というわけで、ニセツチハンミョウはツチハンミョウに擬態しているのかもしれない。

○交信手段

ゴミムシダマシに限らず昆虫でも子孫を残すためのパートナー探しは重要な行動である。キノコのような限られた場所での出会いは比較的容易だろうが、その代わり、既に述べたように雌をめぐる争いが生じる。

ツノをもつ種はそのような環境にいる種が多い。ゴミムシダマシは砂漠にも棲息することは既に述べた。このような場所に棲むゴミムシダマシは昆虫の死骸などを食料とするため雌に会う確率が低くなる。彼らは、砂漠の熱を避けるためもあり、高速で歩行できる。その能力で雌探しをするのだろうが、それよりも効率的な方法をあみ出した種がいる。南アフリカに棲息する *Psammodes* の仲間である。このゴミムシダマシは、ドラムをたたくように腹部を地面にたたきつけて雌を誘うのだという [39]。愛称は「tok-tokkies」。これは、上述の動作では発する音の擬音である。その音を聞きたいと思って動画を探したら、あった！！ 便利な時代になったものである。URL は、以下の通りである。
http://www.youtube.com/watch?v=H8bhO0jJ15s
http://beetlesinthebush.wordpress.com/2009/02/07/tempting-tok-tokkies/
岩の上で鳴らしていたせいか、かなり甲高い音なので驚いた。確かに、「tok-tokkies」と聞こえる。このため、この本に収録した *Psammodes pieretti* にトクトックゴミムシダマシという和名をつけてみた（図45：P35）。

図43：クロナガヘッピリゴミムシダマシ (P53) に擬態するサボテンカミキリ (*Moneilemas gigas*)

図44：ニセツチハンミョウ (P14)

図45：トクトックゴミムシダマシ (P35)

2：ゴミムシダマシの戸籍

昆虫全般及び甲虫全般の詳しいことは、「象虫」で述べたのであるが、ゴミムシダマシの場合少し状況が複雑なので、もう一度甲虫全般から、ゴミムシダマシの戸籍を説明する。

1）ゴミムシダマシ上科

本書で扱っているゴミムシダマシ類は、ゴミムシダマシ科の甲虫の総称である。先ずゴミムシダマシ科の昆虫の中での存在を位置付けよう。ゴミムシダマシ科は昆虫網・外顎亜網・コウチュウ目・カブトムシ亜目・ゴミムシダマシ上科（表1）に属する昆虫である。甲虫（コウチュウ目）は、ナガヒラタムシ亜目、オサムシ亜目、ツブミズムシ亜目、カブトムシ亜目、Protocoleoptera亜目[39]に分類される。ゴミムシダマシ科は、そのうちのカブトムシ亜目に属している。甲虫であるので、「完全変態を行い、卵、幼虫、蛹、成虫の発育段階をもつ昆虫で、外骨格と呼ばれる強く角質化した表皮で体を覆っている」という甲虫の特徴を有している。

カブトムシ亜目は、ゾウムシ上科、ハムシ上科、ハネカクシ上科、ゴミムシダマシ上科、ヒラタムシ上科で構成されている[40]。

本書で扱っているのは、ゴミムシダマシ科の昆虫であり、ゴミムシダマシ上科の昆虫ではない。では、ゴミムシダマシ上科には、他にどんな昆虫がいるのだろうか。コキノコムシ、ツツキノコムシ、キノコムシダマシ、ナガクチキムシ、オオハナノミ、コブゴミムシダマシ、デバヒラタムシ、ヒラタナガクチキムシ、カミキリモドキ、クビナガムシ、ツチハンミョウ、ホソキカワムシ、ツヤキカワムシ、キカワムシ、アカネムシ、チビキカワムシ、アリモドキ、ニセクビホソムシ、ハナノミダマシ、ゴミムシダマシ等の科（図46）である。この中で、一般に名前が知られているのは、ファーブルの昆虫記で蜂と共生することが紹介されているツチハンミョウぐらいだろうか。その他は、ほとんどの方が聞いたことがない名称なのではないだろうか。地味で目立たない集団である。実は、ゴミムシダマシ上科には、28の科があるという[40]。図46は我が国に棲息する種を中心にその一部を示したものである。

分類は人間の都合で決める部分もあるのでいちがいにはいえないのだが、それにしても、ものすごい多様性に驚かされる。ただ、我が国に棲息する種数でいえば、ゴミムシダマシ上科で100を超える種がいるとされるのはハナノミ科ぐらいで、400近い種のいるゴミムシダマシ科は圧倒的な大集団である。

2）ゴミムシダマシ科

Tenebrionidaeというのが、ゴミムシダマシ科学名である。学名はラテン語で記される。そこで、この言葉の意味を辞書で調べてみた。ラテン語のtenebriono

表1：生物の分類

カテゴリー		タクソンの例	
Kingdom	界	Amimalia	動物界
Phylum	門	Arthropoda	節足動物門
Subphylum	亜門	Mandiblulata	大顎亜門
Superclass	上綱	Hexapoda	六脚上綱
Class	綱	Insecta	昆虫綱
Subclass	亜綱	Ectognatha	外顎亜綱
Order	目	Coleoptera	コウチュウ目
Suborder	亜目	Polyphaga	カブトムシ亜目
Superfamily	上科	Tenebrionoidea	ゴミムシダマシ上科
Family	科	Tenebrionidae	ゴミムシダマシ科
Subfamily	亜科	Tenebrioninae	ゴミムシダマシ亜科
Tribe	族	Tenebrionini	ゴミムシダマシ族
Subtribe	亜族		
Genus	属	*Tenebrio*	
Species	種	*obscurus*	コメノゴミムシダマシ

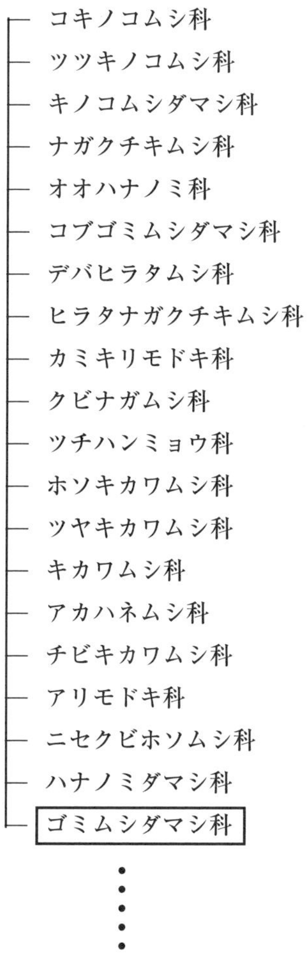

図46：ゴミムシダマシ上科

- コキノコムシ科
- ツツキノコムシ科
- キノコムシダマシ科
- ナガクチキムシ科
- オオハナノミ科
- コブゴミムシダマシ科
- デバヒラタムシ科
- ヒラタナガクチキムシ科
- カミキリモドキ科
- クビナガムシ科
- ツチハンミョウ科
- ホソキカワムシ科
- ツヤキカワムシ科
- キカワムシ科
- アカハネムシ科
- チビキカワムシ科
- アリモドキ科
- ニセクビホソムシ科
- ハナノミダマシ科
- ゴミムシダマシ科

ゴミムシダマシの特徴

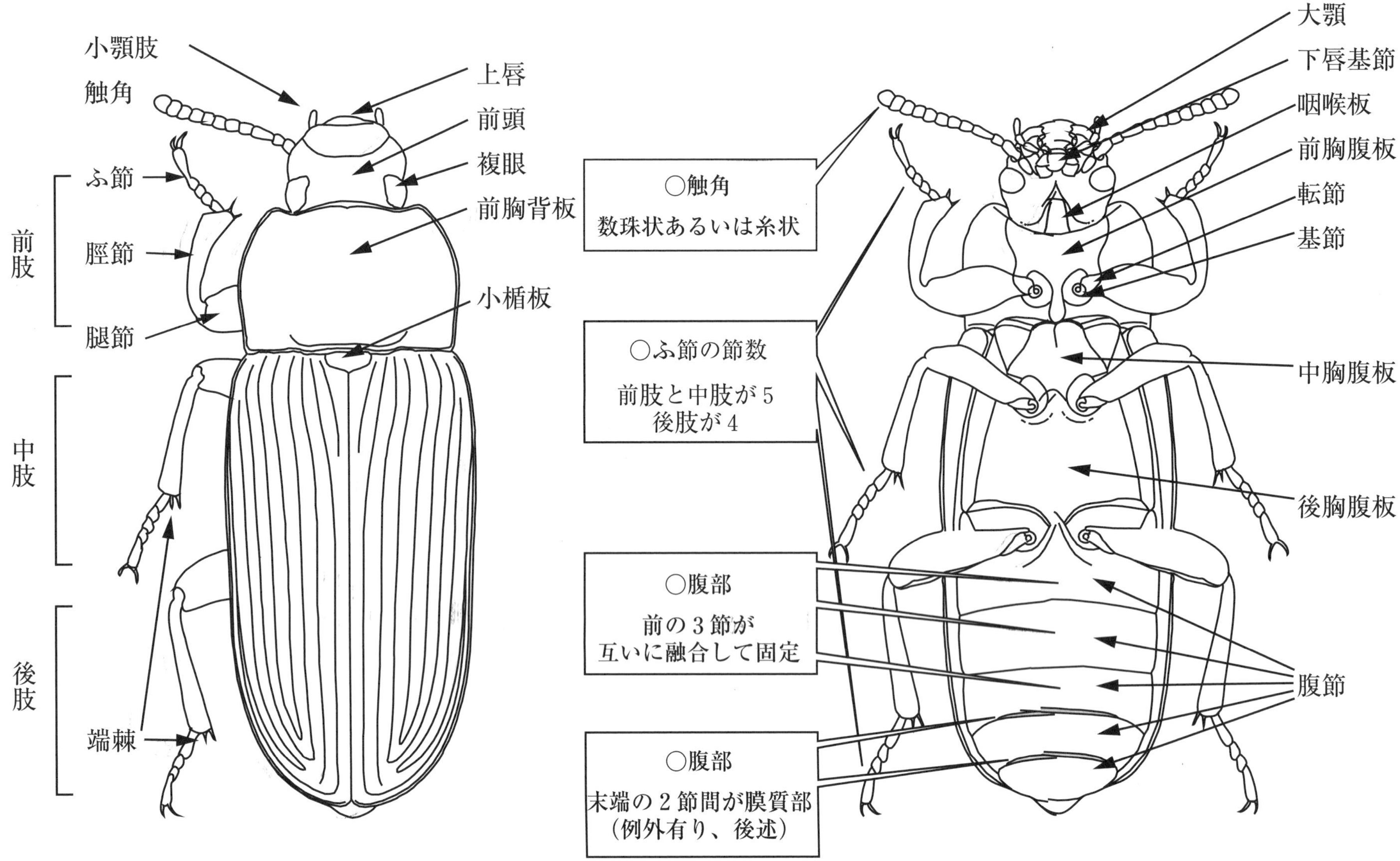

図47：ゴミムシダマシの構造と特徴
Tenebrionid Beetles of Australia[41] を参考にして作成

表2：ゴミムシダマシ科の分類（亜科）[42]

○Subfamily Lagriinae Latreille, 1825 (1820)　　ハムシダマシ亜科
中位の規模で、分化している亜科。色彩豊かで、柔らかい体格の昼行性の種を含む。成虫は葉または花上で生活している。植物の上での歩行に適応して末端前ふ節が広がっている（Lagriini）。しかし、朽木内に棲む Pycnocerini の種や地上生活の Adeliini の種では、より硬化した体格をしている。解剖学的特徴から見て原始的と考えられる。この亜科の種では、腹部の第3，4腹節の後方に膜質部と腹部の防御腺を有する。幼虫は普通、落葉のゴミ（堆積物）のなかで発見される。世界中に分布するが、熱帯地方が主である。

○Subfamily Zolodininae Watt, 1974　　（和名無し）
小規模な亜科で、わずか2種　Zolodinus zelandicus（ニュージーランド）と Tanylypa morio（タスマニア）がいる。長く、扁平で、黒っぽい体長12〜15mmの甲虫である。後翅は完全に発達している。Pimeliinae といくらかの部分で関連がある。ゴミムシダマシ全体の中で、最も原始的とされる。この亜科の種では、3,4腹節後方の膜質部は存在せず腹部の防御腺も無い。Nothofagus（南半球のブナ）の森の朽木に棲む。

○Subfamily Nilioninae Oken, 1843　　（和名無し）
背面は強く突き出し、半球形に近い。密に柔毛におおわれたテントウムシに似た甲虫。本亜科は、1属（Nilio）で構成され、42種が中南米に分布する。多くの特徴がキノコゴミムシダマシ族に似ている。後翅は完全に発達。3，4腹節の後方に膜質部が見え、また腹部の防御腺を有する。幼虫と成虫は、朽木上で発見され、キノコやコケを食べる。

○Subfamily Phrenapatinae Solier, 1834　　アラメヒラタゴミムシダマシ亜科
小規模な亜科で、幅広い長形・突き出し・無毛・淡黄色ー茶色の甲虫。体長は、2〜4mm。後翅は完全に発達、まれに欠ける。3，4腹節の後方に膜質部が見えるが、腹部の防禦腺は無い。本亜科の特徴の一つとして小楯板小溝がない（短い点刻列溝が上翅基部の小楯板近くにある）ことをあげられる。幼虫と成虫は朽木か葉の朽ちて堆積したものの中に棲息する。亜科は旧，新世界双方に分布するが、主に熱帯である。

○Subfamily Pimeliinae Latreille, 1802　　アレチゴミムシダマシ亜科
体長1-2mmから数cmの非常に多様な甲虫群である。最も原始的な種は（後）翅はあるものの、ほとんど飛ばないで地上生活をする。この亜科の種では、第3，4腹節の後方に膜質部がなく、腹部の防御腺防禦腺も無い。この亜科は、ゴミムシダマシ科で最大の亜科である。多数の種が乾燥条件種に適応している。オーストラリアを除く世界の砂漠地帯が豊富で分化したこの亜科の棲息地になっている。防禦腺の欠如と非常に分厚い外骨格は、水分を失うことを防ぐ手立てになっている。幼虫と成虫はおもに腐食植物を食べているが、いくらかの種は腐肉を食べている。

○Subfamily Tenebrioninae Latreille, 1802　　ゴミムシダマシ亜科
体長1-2mmから数cmの非常に変化に富んだ甲虫群である。ほとんどの種が黒色で夜行性である。多くは（後）翅を有するが、無翅の種も相当数存在する第3，4腹節の後方に膜質部と単純な腹部の防御腺がある。南極大陸を除く単独ですべての大陸に分布する。主に森林地帯に棲息する。しかし、幾つかのグループ（オサムシダマシ、スナゴミムシダマシ、Heleini の各族）では、多くが砂漠棲息の地表生活種であるが、アレチゴミムシダマシ亜科の種と異なり、防禦腺を備えている。大部分の種が朽木に棲息しキノコを食べるが、地上生活種は植物性物質を食べる（いくらかは農業害虫である）。また、世界共通種は貯穀物害虫もいくらか存在する。

○Subfamily Alleculinae Laporte, 1840　　クチキムシ亜科
中くらいの規模の亜科。ハムシダマシ科に似ているところが多いが、ツメが櫛状であることで、容易に判別できる。ふ節の末端前節は広がる。第3，4腹節の後方に膜質部と腹部の防御腺がある。ほとんどの種は夜行性で暗色であるが、明色の昼行性種もいる。多くが植物の上で見つかるが、いくらかは、朽木で採集される。南極大陸を除く全ての大陸に分布、棲息地は主に森林である。幼虫は、主に種として朽木で発見されるが、土中から発見されることもある。

○Subfamily Diaperinae Latreille, 1802　　キノコゴミムシダマシ亜科
この大きな亜科は2つの群に分けられる。すなわち乾燥地帯や海岸地帯の地上に棲息する種と森林地帯に棲息地する種である。本亜科の種は、第3，4腹節の後方に膜質部と腹防御腺を具えている。地上生活種（例えば、ハマベゴミムシダマシ族、ケシゴミムシダマシ族、ニセマグソコガネダマシ族）は、通常黒色で無毛か祖に毛を有し、砂丘や砂丘に似た棲息地で腐植物を食べている。地上生活種の肢は、ときに穴掘りに適した形状になっている。森林生活種の肢は、普通（全てではないが）色彩豊かで、無毛の種で卵形（例えばツヤゴミムシダマシ族、キノコゴミムシダマシ族）または、長形（ホソゴミムシダマシ族）、あるいは半球形（テントウゴミムシダマシ）である。幼虫と成虫は多様な菌類物質を食べている。この亜科は、南極を除く全ての大陸に分布する。

○Subfamily Stenochiinae Kirby, 1837　　クビカクシゴミムシダマシ亜科
大規模で分化した亜属で、黒色で夜行性の種や派手で昼行性の種を含む。たいていは（後）翅をもっているが、飛べない種もまた多い。本亜科の種は高度に進んだ特徴（非常に特化した産卵機関とアンテナの5－7節に stellate sensorial（星状の感覚器官）を具える。第3，4腹節の後方に）膜質部と腹部の防御腺を具えている。それらは大変大きくかさばることがある。南極を除く全ての大陸に分布する。熱帯ー亜熱帯が主で、温帯にもわずかに棲息する。幼虫は常に朽木内で育つ。

表3：日本に分布するゴミムシダマシ科の分類

Subfamily Lagriinae Latreille, 1825 (1820)	ハムシダマシ亜科
Tribe Laenini Seidlitz, 1895	チビヒサゴゴミムシダマシ族
Tribe Lupropini Ardoin, 1958	ヒゲブトゴミムシダマシ族
Tribe Lagriini Latreille, 1825 (1820)	ハムシダマシ族
Subfamily Phrenapatinae Solier, 1834	アラメヒラタゴミムシダマシ亜科
Tribe Archaeoglenini Watt, 1975	チビコクヌストモドキ族
Tribe Penetini Lacordaire, 1859	アラメヒラタゴミムシダマシ族
Subfamily Pimeliinae Latreille, 1802	アレチゴミムシダマシ亜科
Tribe Idisiini G. S. Medvedev, 1973	ハマヒョウタンゴミムシダマシ族
Subfamily Tenebrioninae Latreille, 1802	ゴミムシダマシ亜科
Tribe Palorini Matthews, 2003	ヒメコクヌストモドキ族
Tribe Toxicini Oken, 1843	ツノゴミムシダマシ族
Tribe Bolitophagini Kirby, 1837 nomen protectum	カブトゴミムシダマシ族
Tribe Tenebrionini Latreille, 1802	ゴミムシダマシ族
Tribe Alphitobiini Reitter, 1917	ヒメゴミムシダマシ族
Tribe Triboliini Gistel, 1848	コクヌストモドキ族
Tribe Ulomini Blanchard, 1845	エグリゴミムシダマシ族
Tribe Helopini Latreille, 1802	マルムネゴミムシダマシ族
Tribe Amarygmini Gistel, 1848	キマワリ族
Tribe Blaptini Leach, 1815	オサムシダマシ族
Tribe Pedinini Eschscholtz, 1829	ゴモクムシダマシ族
Tribe Opatrini Brullé, 1832	スナゴミムシダマシ族
Tribe Platyscelidini Lacordaire, 1859	マルガタゴミムシダマシ族
Subfamily Alleculinae Laporte, 1840	クチキムシ亜科
Tribe Alleculini Laporte, 1840	クチキムシ族
Tribe Cteniopodini Solier, 1835	オモナガクチキムシ族
Subfamily Diaperinae Latreille, 1802	キノコゴミムシダマシ亜科
Tribe Diaperini Latreille, 1802	キノコゴミムシダマシ族
Tribe Crypticini Brullé, 1832	ケシゴミムシダマシ族
Tribe Phaleriini Blanchard, 1845	ハマベゴミムシダマシ族
Tribe Trachyscelini Blanchard, 1845	ニセマグソコガネダマシ族
Tribe Myrmechixenini Jacquelin du Val, 1858	チビキカワモドキ族
Tribe Hypophlaeini Billberg, 1820	ホソゴミムシダマシ族
Tribe Gnathidiini Gebien, 1921	チビゴミムシダマシ族
Tribe Scaphidemini Reitter, 1922	ツヤゴミムシダマシ族
Tribe Leiochrinini Lewis, 1894	テントウゴミムシダマシ族
Subfamily Stenochiinae Kirby, 1837	クビカクシゴミムシダマシ亜科
Tribe Cnodalonini Oken, 1843	ニジゴミムシダマシ族
Tribe Stenochiini Kirby, 1837	クビカクシゴミムシダマシ族

の意味は、「暗くする」とあった。つまり、ゴミムシダマシが暗いところを好むということから来た名前のようだ。既に述べたように、砂漠に棲息する種など例外は存在するものの、このことはほぼ正しい。ゴミムシダマシの色彩は黒が基調なので、語感としてもしっくりする。Darkling Beetlesという英名は、学名と整合がよい。ゴミムシダマシという和名がいわれのない名称であることがよくわかる。

ゴミムシダマシ科の昆虫の特徴（図47）は、
1：棒状・数珠状の触角
2：腹部の前の3節が互いに融合してしっかり固定
3：ふ節が前肢と中肢で5節、後肢で4節
ということである。この判断基準により、以前は独立した科となっていたハムシダマシと、クチキムシがゴミムシダマシ科に入れられている。一方、以前ゴミムシダマシ科に入っていたアトコブゴミムシダマシは、前述の特徴の第2項が満たされれないのとして独立した科となっている。解説の第1章で述べたように、ゴミムシダマシは形態の似通った他の科の種が多いため判定が難しい。それでも、前述の3特徴を頭に入れて観察すると次第に判別できるようになる。

表2にゴミムシダマシ科に含まれる各亜科の特徴をまとめて示した[42]。同じ科の昆虫群であっても多様な形態／生態をもつことがよくわかる。また、表3は、我が国に棲息するゴミムシダマシ科の昆虫の族名を亜科毎にまとめてたものである。

そんなゴミムシダマシ、日本で約400種、世界で約18000種が記録されているという。今後の研究により、この数字は大幅に増大するものと思われる。英名Darkling Beetlesからもわかるように暗い物陰に棲む種が多いが、海岸や砂漠に棲息するものもいる。これまで述べたように、生態・形態ともに多様である。食物も、朽ち木、キノコ、砂漠海岸などでは、植物の破片／根／そして、昆虫の死骸などを食べる。

鞘翅には、ストライプ・トゲ状・コブ状など、多様な模様が刻み込まれている種が多い。砂漠に棲む種ではその模様が水を集めるための重要な機能をもっていることは、既に述べた。

最も有名なゴミムシダマシは、これも既に述べたようにキリアツメゴミムシダマシであろう。しかし、この種は日本には棲息していない。日本で、最も見かけやすい種はキマワリだろう。ちょっと自然が好きな人

あるいはクワガタやカブトムシに興味のある人なら、必ず見たことがある種である。ただ、人間は認識しないと見たことにならない。地味でさしたる特徴のないゴミムシダマシなので、その存在を認識している人は少ないのだろう。捕まえようとする幹の反対側に逃げる習性があるので、キマワリという名が付いているわけで、そういえばそんな虫がいたという程度は知っている人がいるかもしれない。

ここで、ゴミムシダマシの大きさの目安として我が国に棲息する種で集計してみた。資料は、保育社の「原色日本甲虫図鑑（Ⅲ）」である。この図鑑には、ゴミムシダマシの大きさの最小値と最大値が種毎に記されている。これを集計したものを図48に示した。サンプル数は、276である。横軸は体長、縦軸は1ミリ間隔の種数である。例えば、2ミリは2〜2.9ミリに含まれる種数である。サンプル数が少ないためもあり正確なものではなく、目安として考えてほしい。結果を見ると、5〜7ミリ当たりにピークがありそうである。一般的にいえば大型とはいえない大きさであるが、ゾウムシ、ハムシに比べると2倍ほどの大きさで、すごく大きく感じた。その他、集計している過程で感じたのは、種

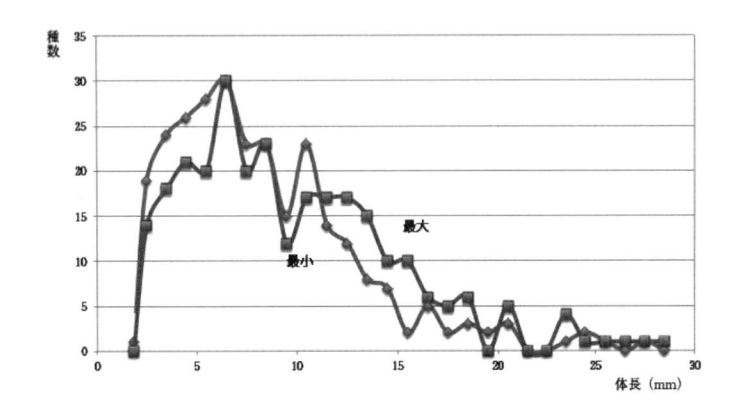

図48：日本産ゴミムシダマシの体長分布
「原色日本甲虫図鑑（Ⅲ）」、保育社の記述を集計

ごとの最大値と最小値の差が小さいことであった。これは、データの精度の問題かもしれないが、ゾウムシ／ハムシでの作業と比べた感想である。

　ゴミムシダマシを論ずる時に欠かせないのが、幼虫である。その名は、ミールワーム（mealworm）。昆虫に興味のない方でも知っている親よりも有名な幼虫である。ミールワームは、ペットや小動物の餌として用いられる。その利用範囲は広く、は虫類／両生類／魚類をはじめ昆虫食の鳥類／哺乳類、さらにサシガメ／アリ／ジグモなどの昆虫や蜘蛛にも与えられている。何故、ゴミムシダマシの幼虫が選ばれたのか。その答えは、この解説の害虫の項で述べたことにヒントがある。つまり、穀物倉庫等での貯穀害虫となっているゴミムシダマシは、人工的な環境に棲んでいるのだから、人工的な飼育も容易なのだ。害虫は繁殖力が大きいので困るわけだが、この場合はそれが好都合というわけだ。

　その中でも、ミールワームとして飼育されているのは、チャイロコメノゴミムシダマシだという。米国の資料を見るとツヤケシオオゴミムシダマシ（*Zophobas atratus*）の幼虫が使われることが多いそうで、チャイロコメノゴミムシダマシに比べ遙かに大型且つ栄養価も高いという。肉食魚の飼育に広く用いられるようになっていて、「ジャイアント・ミールワーム」とよばれているようである。最近では日本でもよく見かけるようだ。

3：作品データ

　ゴミムシダマシ科には、多くの亜科があり、それぞれに形態的・生態的特徴がある。このため本書では、可能な限り亜科別にまとまるようレイアウトした（複雑になりすぎるため、族以下の分類は考慮していない）。亜科の概要については、解説に掲載した（表2：P119）ので、これを参照していただきたい。亜科の掲載順は、文献39にしたがって決めている。

　ここでは、標本データ（購入標本については、ラベルデータをそのまま記載）及撮影データを記載（Pは、作品の頁）する。

1) ハムシダマシ亜科 Lagriinae

P8：フタイロハムシダマシ（*Metallonotus speciosus*）
アフリカにいる美しいハムシダマシ。
標本データ：Bameraun Centre CAMEROON, Aug. 1997
撮影データ：Canon 1DsMark3//Canon 100mmMacrof2.8/1/250,F8 ／ TWINKLE04 F2x3

P9：ミドリオオハムシダマシ（*Chlorophila* sp.）
中国の大型ハムシダマシ。
標本データ：N Sichuan CHINA, July 04 1915
写真データ：Canon 1DsMark3//Canon100mm Macrof2.8+Extension20mm/1/250,F8 ／ TWINKLE04 F2x3

P10-11：アオハムシダマシ（*Arthromacra viridissima*）
野山でよく見かける美しい種。花に来る。
標本データ：Tanigawa Mt. Gunma JAPAN, June, 2005
撮影データ：Canon 1DsMark3/Canon 100mm Macrof2.8+C-AF2X TELEPLUS /1/250,F8 ／ TWINKLE04 F2x3

P12：アマミアオハムシダマシ（*Arthromacra amamiana*）
奄美にいるアオハムシダマシ。
標本データ：Ryugouchou Amami Kagoshima JAPAN, March 23 2002
撮影データ：Canon 1DsMark3/MP-E 65mm/1/250,F8 ／ TWINKLE04 F2x3

P13：サカサジンガサハムシダマシ（*Cossyphus depressus*）
奇妙なかたちのハムシダマシ。
標本データ：Yangon MYANMAR, May 2005
撮影データ：Canon 1DsMark3//Canon 100mm Macrof2.8+C-AF2XTELEPLUS /1/250,F8 ／ TWINKLE04 F2x3

P14：ニセツチハンミョウ（*Bothrionota meloides*）
ツチハンミョウを思わせる奇妙な形態。
標本データ：Mt. Balocaue S.Leyte PHILIPPINES, April 2002
撮影データ：Canon 1DsMark3//Sigma 50mm Macro f2.8+C-AF1.5X TELEPLUS/1/250,F8 ／ TWINKLE04 F2x3

P15：ラオスケブカクロハムシダマシ（*Cerogria* sp.）
日本にいるケブカクロハムシダマシと近縁
標本データ：Ban Houay Kouk, Xieng Ngeun, Luang Phabang LAOS, June 04 2008
撮影データ：Canon 1DsMark3//Canon100mm Macrof2.8+Extension20mm/1/250,F8 ／ TWINKLE04 F2x3

P16：アシブトアオハムシダマシ（*Pycnocerus revoili*）
がっちりした体格。
標本データ：Blantyre MALAWI, Dec.1991
撮影データ：NikonD800E/Nikon100mmMacro f2.8+Extension36mm/1/250,F8 ／ TWINKLE04 F2x3

P17：クロツヤモドキハムシシダマシ（*Pristophilus passaloides*）
クロツヤムシのような ハムシダマシ。ハムシダマシの概念が崩れる。
標本データ：Kupe Mont CAMEROON, Sept. 2011
撮影データ：Canon 1DsMark3//Sigma50mm Macro f2.8/1/250,F8 ／ TWINKLE04 F2x2

2) アラメヒラタゴミムシダマシ亜科 (Phrenapatinae)

P18-P19：カラステングゴミムシダマシ（*Phrenapates bennetti*）
コクヌストモドキなど日本にいる種とは印象が異なる。クロツヤモドキハムシシダマシに近い印象。
標本データ：Nor yungas Caranavi BOLIVIA, March 2010
撮影データ：Canon 1DsMark3//Sigma50mm Macro f2.8/1/250,F8 ／ TWINKLE04 F2x2

3) アレチゴミムシダマシ亜科 (Pimeliinae)

裏表紙：ヒメキリアツメゴミムシダマシ（*Stenocara eburnea*）
シンプルデザインが美しい。
標本データ：Hentiesbay 50km-North NUMIBIA, 23 March 2001

撮影データ：Canon 1DsMark3//Canon100mm
　　　　　　Macrof2.8/1/250,F8／
　　　　　　TWINKLE04 F2x3

P20：オオクロジオメトリックゴミムシダマシ
　　　　　　　　　　　(*Nyctelia multicristata*)
見事な幾何学模様、ほれぼれする。
標本データ：Paine S Chile, 16 Jan. 1989
写真データ：Canon 1DsMark3//Canon100mm
　　　　　　Macrof2.8/1/250,F8／
　　　　　　TWINKLE04 F2x3

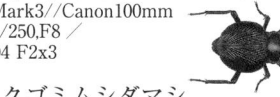

P21：クロジオメトリックゴミムシダマシ
　　　　　　　　　　　(*Nyctelia geometrica*)
幾何学模様の美しいチリのゴミムシダマシ。
標本データ：Carrera Lago Gral Aysen
　　　　　　CHILE, March 2011
写真データ：Canon 1DsMark3//Sigma50mm
　　　　　　Macro f2.8/1/250,F5.6+C-AF1.5X
　　　　　　TELEPLUS／TWINKLE04 F2x2

P22：タテミゾジオメトリックゴミムシダマシ
　　　　　　　　　　　(*Callyntra rossi*)
インカの遺跡にありそうな見事な模様。
標本データ：Valle Las Catas Radal 7 tazas,
　　　　　　VII region CHILE, 15 Jan. 2006
写真データ：Canon 1DsMark3//Canon100mm
　　　　　　Macrof2.8+Extension36mm
　　　　　　/1/250,F8／TWINKLE04 F2x3

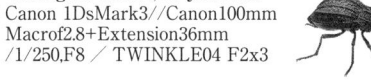

P23：フタイロジオメトリックゴミムシダマシ
　　　　　　　　　　　(*Gyriosomus gebieni*)
これはモダンなチリのゴミムシダマシ。
標本データ：Oeste de Domeiko Atacame
　　　　　　CHILE, Oct. 10-11, 2000
写真データ：Canon 1DsMark3//Canon100mm
　　　　　　Macrof2.8/1/250,F8／
　　　　　　TWINKLE04 F2x3

P24：コワモテジオメトリックゴミムシダマシ
　　　　　　　　　　　(*Gyriosomus* sp.)
どう見ても善人には見えない怖い面相。
標本データ：Vallenar 3Region CHILE,
　　　　　　22 Oct. 2002
写真データ：Canon 1DsMark3//Canon100mm
　　　　　　Macrof2.8+Extension36mm/
　　　　　　1/250,F8／TWINKLE04 F2x3

P25：シボリジオメトリックゴミムシダマシ
　　　　　　　　　　　(*Gyriosomus hopei*)
着物の柄にありそうな美しい模様。
標本データ：Ovalle Chillan CHILE, Nov. 1084
写真データ：Canon 1DsMark3//Canon100mm
　　　　　　Macrof2.8+Extension20mm/
　　　　　　1/250,F8／TWINKLE04 F2x3

P26：キリチェンコゴミムシダマシ
　　　　　　　　　　　(*Pisterotarsa kiritschenkoi*)

ユニークな体型。中央アジアのゴミムシダマシ。
標本データ：S TADZHYKISTAN,
　　　　　　March 02 1914
写真データ：Canon 1DsMark3//Canon100mm
　　　　　　Macrof2.8+Extension20mm/
　　　　　　1/250,F8／TWINKLE04 F2x3

P27：クワガタモドゴキミムシダマシ
　　　　　　　　　　　(*Calognathus chevrolati*)
まさにクワガタ。
ゴミムシダマシの多様性の極致。
標本データ：Rotkop NAMIBIA, Aug. 1990
写真データ：Canon 1DsMark3//Canon100mm
　　　　　　Macrof2.8+C-AF2X TELEPLUS
　　　　　　/1/250,F8／TWINKLE04 F2x3

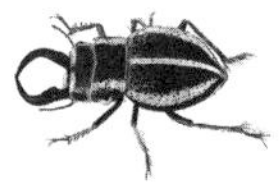

P28：オオヒョウタンゴミムシダマシ
　　　　　　　　　　　(*Megelenophorus americanus*)
ヒョウタン型は多い、本種は大型。
標本データ：Jachal San Juan ARGENTINA,
　　　　　　April 03, 2008
写真データ：Canon 1DsMark3//Canon100mm
　　　　　　Macrof2.8/1/250,F8／
　　　　　　TWINKLE04 F2x3

P29：ヒゲブトアリスゴミムシダマシ
　　　　　　　　　　　(*Gebieniella stenosides*)
蟻と共生するゴミムシダマシ。
標本データ：ChingmaiZoo Chingmai
　　　　　　THAILAND, May 5 2004
写真データ：Canon 1DsMark3/MP-E 65mm／
　　　　　　1/250,F8／TWINKLE04 F2x2

P30：ハマヒョウタンゴミムシダマシ (*Idisia ornata*)
浜に棲息。小型なのだが、よく見ると美しい。
浜環境では保護色になっており、
意外に見つけにくい。
標本データ：Oshamanbe Hokkaidou JAPAN,
　　　　　　28 Aug. 2011
写真データ：NikonD700/NikonAZ100/AZ
　　　　　　Plan Apo 2X,PLI2.5／SB-R200
　　　　　　SPEED LITEx1

P31：サバクモザイクモンゴミムシダマシ
　　　　　　　　　　　(*Pachynotelus comma*)
美しいアフリカのゴミムシダマシ。
標本データ：Rooidrom 95km North Hartmann
　　　　　　Mts. NAMIBIA, March 27 1995
写真データ：Canon 1DsMark3/MP-E 65mm／
　　　　　　1/250,F8／TWINKLE04 F2x3

P32：フタイロムネマルゴミムシダマシ
　　　　　　　　　　　(*Distretus amplipennis.*)
ぶ厚い胸板。頑丈そう。
標本データ：Lower Gwelo JIMBABWE,
　　　　　　Dec.1981
写真データ：NikonD800E/Nikon100mmMacro
　　　　　　f2.8+Extension36mm/1/250,F8／
　　　　　　TWINKLE04 F2x3

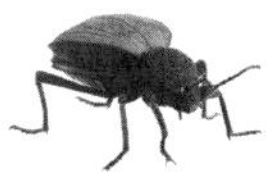

P33：タテミゾムネマルゴミムシダマシ
　　　　　　　　　　　(*Amiantus globulipennis*)
胸だけでなく、腹も丸い。
標本データ：Chipinga ZIMBABWE, Feb. 1992
作品データ：Canon 1DsMark3//Canon100mm
　　　　　　Macrof2.8+Extension36mm/
　　　　　　1/250,F8／TWINKLE04 F2x3

P34：ハカマモリゴミムシダマシ
　　　　　　　　　　　(*Prionotheca coronata*)
古代エジプトの墓守。
標本データ：Tagounite env.,sands
　　　　　　S.Ouarzazalepr.,S MOROCCO,
　　　　　　March 30 2011
写真データ：Canon 1DsMark3//Canon100mm
　　　　　　Macrof2.8/1/250,F8／
　　　　　　TWINKLE04 F2x3

P35：トクトックゴミムシダマシ
　　　　　　　　　　　(*Psammodes pieretti*)
トクトックと腹で地面をたたいて雌を呼ぶ。
標本データ：Lower Cweco ZIMBABWE
写真データ：Canon 1DsMark3//Sigma50mm
　　　　　　Macro f2.8/1/250,F5.6+C-AF1.5X
　　　　　　TELEPLUS／TWINKLE04 F2x2

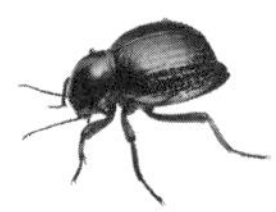

P36：テツカブトゴミムシダマシ
　　　　　　　　　　　(*Moluris globulicollis*)
ダース・ベーダー。
標本データ：Bitterfontein Cape S.AFRICA,
　　　　　　March 16 2002
写真データ：Canon 1DsMark3//Canon100mm
　　　　　　Macrof2.8+Extension36mm/
　　　　　　1/250,F8／TWINKLE04 F2x3

P37：セスジオオゴミムシダマシ
　　　　　　　　　　　(*Psammodes procerus*)
背のストライプが特徴の大型種。
標本データ：Chipinge ZIMBAWE, Feb. 2004
写真データ：Canon 1DsMark3//Canon100mm
　　　　　　Macrof2.8/1/250,F8／
　　　　　　TWINKLE04 F2x3

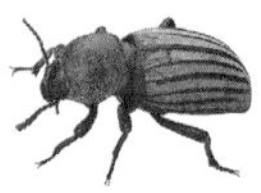

P38：トゲトゲゴミムシダマシ
　　　　　　　　　　　(*Somaticus spinosus*)
冠はないが、カンムリゴミムシダマシの仲間。
標本データ：Blesberg Mine Cape SOUTH
　　　　　　AFRICA, April 21
写真データ：Canon 1DsMark3//Canon100mm
　　　　　　Macrof2.8+Extension36mm/
　　　　　　1/250,F8／TWINKLE04 F2x3

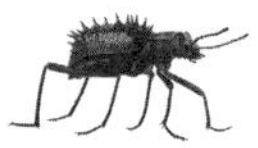

P39：オオコブカンムリゴミムシダマシ
　　　　　　　　　　　(*Sepidium bulbiferum*)
頭に大きなコブがある。この仲間は、
アフリカのゴミムシダマシの代表的存在。
標本データ：Taita Hills KENIYA, Dec. 1993
撮影データ：Canon 1DsMark3//Canon100mm
　　　　　　Macrof2.8/1/250,F8／

TWINKLE04 F2x3

P40：ヒツジカンムリゴミムシダマシ
(*Vieta speculifera*)

モコモコした感じがヒツジを連想させる。
標本データ：Rumphi MALAWI, 12 Dec. 1993
撮影データ：Canon 1DsMark3//Canon100mm
　　　　　　Macrof2.8+Extension36mm/
　　　　　　1/250,F8 ／ TWINKLE04 F2x3

P41：ケコブカンムリゴミムシダマシ (*Vieta* sp.)

独創的で、魅力ある体型。
標本データ：SW of V0i SE of KENYA,
　　　　　　Dec. 8-12, 2009
撮影データ：Canon 1DsMark3//Canon100mm
　　　　　　Macrof2.8+Extension36mm/
　　　　　　1/250,F8 ／ TWINKLE04 F2x3

P03,P42-43：オオカンムリゴミムシダマシ
(*Vieta muscosa*)

ユニークで派手な飾り、カンムリゴミムシ
ダマシの王様か？。
標本データ：E .of Ngumi Eastern Mwingi
　　　　　　KENYA, Nov.26 2011
撮影データ：Canon 1DsMark3//Sigma50mm
　　　　　　Macro f2.8/1/250,F5.6+C-AF1.5X
　　　　　　TELEPLUS/TWINKLE04 F2x2
撮影データ：Canon 1DsMark3//Sigma50mm
　　　　　　Macro f2.8+C-AF2X TELEPLUS/
　　　　　　1/250,F8 ／ TWINKLE04 F2x2

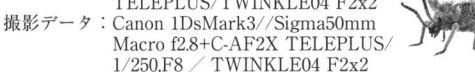

P44-P45：ヘルメットゴミムシダマシ
(*Stips cassidoides*)

アフリカの円盤形ゴミムシダマシ。学名は
「ヘルメットに似た」。
標本データ：Aus samd dunes NAMIBIA,
　　　　　　28 March 2000
撮影データ：Canon 1DsMark3/MP-E 65mm ／
　　　　　　1/250,F8 ／ TWINKLE04 F2x3
撮影データ：Canon 1DsMark3/MP-E 65mm ／
　　　　　　1/250,F8 ／ TWINKLE04 F2x2

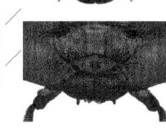

P46-P47：スナオヨギゴミムシダマシ
(*Lepidochora* sp.)

砂漠のスナを泳ぐようにして溝を掘り水分を
摂取する。
標本データ：Rootbank Sand Duines, Kuiseb
　　　　　　River, NAMIBIA, Aug. 3 2000
撮影データ：Canon 1DsMark3//Canon100mm
　　　　　　Macrof2.8+C-AF2X TELEPLUS
　　　　　　+Extension36mm/1/250,F8 ／
　　　　　　TWINKLE04 F2x3
撮影データ：Canon 1DsMark3//Sigma50mm
　　　　　　Macro f2.8/1/250,F5.6+C-AF1.5X
　　　　　　TELEPLUS ／ TWINKLE04 F2x2

P48：スナケブカゴミムシダマシ (*Edrotes arens*)

米国の砂漠にいる。。
標本データ：Glamis CA USA, April 13 1981
撮影データ：Canon 1DsMark3/MP-E 65mm ／
　　　　　　1/250,F8 ／ TWINKLE04 F2x2

P49：イボゴミムシダマシ (*Asbolus verrucosus*)

青色は、成虫になった直後に分泌するコーティ
ング。水分があると黒色になる。
標本データ：Riverside County CA USA
　　　　　　July 2012
撮影データ：Canon 1DsMark3//Canon100mm
　　　　　　Macrof2.8+C-AF2X TELEPLUS/
　　　　　　1/250,F8 ／ TWINKLE04 F2x3

P50：チャスジキリアツメゴミムシダマシ
(*Onymacris langi meridionalis*)

美しいキリアツメゴミムシダマシ。
標本データ：Hartman Valley Kaokoland
　　　　　　NAMIBIA ,March 17 2000
撮影データ：Canon 1DsMark3//Canon100mm
　　　　　　Macrof2.8/1/250,F8 ／
　　　　　　TWINKLE04 F2x3

P51：クロスジキリアツメゴミムシダマシ
(*Onymacris langi langi*)

前種の色違い。ナミブ砂漠にいる。模様が異なる。
標本データ：Bluedrum 8.7km S.Kaokoland
　　　　　　NAMIBIA, 18 March 2000
撮影データ：Canon 1DsMark3//Canon100mm
　　　　　　Macrof2.8+Extension36mm/
　　　　　　1/250,F8 ／ TWINKLE04 F2x3

P52：キリアツメゴミムシダマシ
(*Onymacris boshimania.*)

霧が出ると体を傾斜させて水分を集め吸水する。
標本データ：Rotcop NAMIBIA, Aug. 1980
撮影データ：Canon 1DsMark3//Sigma50mm
　　　　　　Macro f2.8/1/250,F5.6+C-AF1.5X
　　　　　　TELEPLUS ／ TWINKLE04 F2x2

4) ゴミムシダマシ亜科 (*Tenebrioninae*)

表紙、P72：コブスジツノゴミムシダマシ
(*Boletoxenus bellicosus*)

我が国の典型的なコブスジツノゴミムシダマシ。
標本データ：Mt. Kasuga Nara-shi, Nara Japan,
　　　　　　24 Aug. 2011
撮影データ：Canon 1DsMark3/MP-E 65mm ／
　　　　　　1/250,F8 ／ TWINKLE04 F2x3
撮影データ：Canon 1DsMark3/MP-E 65mm ／
　　　　　　1/250,F8 ／ TWINKLE04 F2x3

P06：ヘンテコシロアリスゴミムシダマシ
(*Stemmoderus singularis*)

まさにへんてこな形態。白蟻と共生。
標本データ：S Kapirin-mphosi ZAMBIA,
　　　　　　Jan. 17-19 2003
撮影データ：Canon 1DsMark3/MP-E 65mm ／
　　　　　　1/250,F8 ／ TWINKLE04 F2x3

P53：クロナガドウケゴミムシダマシ
(*Eleodes obscurus sulcipennis*)

尻を上げて敵を威嚇するガスを出す。
ヘッピリムシのような噴射は出来ない。
標本データ：Proctor Ranch Road, Lower
　　　　　　Madera Canyon, Pima Co. AZ,
　　　　　　USA, Aug 13 1989
撮影データ：Canon 1DsMark3//Sigma50mm
　　　　　　Macro f2.8/1/250,F5.6 ／
　　　　　　TWINKLE04 F2x2

P54-P55：オニツノゴミムシダマシ
(*Toxicum funginum*)

特徴的な角をもつ日本のゴミムシダマシ。
標本データ：Mt. Kasuga Nara-shi, Nara
　　　　　　JAPAN, May 21 2005i
撮影データ：Canon 1DsMark3/MP-E 65mm
　　　　　　／ 1/250,F8 ／ TWINKLE04 F2x3
標本データ：Mt. Kasuga Nara-shi, Nara
　　　　　　JAPAN, Aug. 24 2011
撮影データ：Canon 1DsMark3/MP-E 65mm
　　　　　　／ 1/250,F8 ／ TWINKLE04 F2x3

P56：ヒサシツノゴミムシダマシ
(*Antimachus nigerrimus*)

格好がよろしい。南米のゴミムシダマシ。
標本データ：Iquitos PERU, Sept. 26-29 , 1986
撮影データ：Canon 1DsMark3//Canon100mm
　　　　　　Macrof2.8+Extension36mm/
　　　　　　1/250,F8 ／ TWINKLE04 F2x3

P57：アカアシナガゴミムシダマシ
(*Eulytus nodipennis*)

特徴的な赤く長い肢。
標本データ：Yluguru Mt Morogoro Pr
　　　　　　TANZANIA, 17 June 2008
撮影データ：Canon 1DsMark3//Canon100mm
　　　　　　Macrof2.8/1/250,F8 ／
　　　　　　TWINKLE04 F2x3

P58-P59：ハリネズミゴミムシダマシ
(*Emmallus australis*)

毛むくじゃらというより、ハリネズミか。
標本データ：Khorikas NAMIBIA, Sept. 2001
撮影データ：Canon 1DsMark3/MP-E 65mm ／
　　　　　　1/250,F8 ／ SB-R200 SPEED
　　　　　　LITEx4
撮影データ：Canon 1DsMark3/MP-E 65mm ／
　　　　　　1/250,F8 ／ SB-R200 SPEED
　　　　　　LITEx4

P60：フタイロキマワリ
(*Plesiophthalmus* sp.)

ツートーンカラーの美しいキマワリ。
標本データ：Mts. Pan Sam Neua N.E. LAOS,
　　　　　　May 02 2011
撮影データ：Canon 1DsMark3//Canon100mm
　　　　　　Macrof2.8/1/250,F8 ／

TWINKLE04 F2x3

P61：キマワリ（*Plesiophthalmus nigrocyaneusi*）
野山でよく見かける。捕まえようとすると幹の
反対側に逃げるので、キマワリ（木廻り）。 
標本データ：Koufu Ymanashi JAPAN,
　　　　　　Aug. 06 2011
撮影データ：Canon 1DsMark3//Canon100mm
　　　　　　Macrof2.8+Extension20mm/
　　　　　　1/250,F8 ／ TWINKLE04 F2x3

P62：サイゴミムシダマシ
　　　　　　　　　　　（*Anomalipus heraldicus*）
戦車のような頑丈な体。角の無いサイ（犀）。 
標本データ：Savanne Dodoma TANZANIA,
　　　　　　Jan. 14, 2007
撮影データ：Canon 1DsMark3//Canon100mm
　　　　　　Macrof2.8/1/250,F8 ／
　　　　　　TWINKLE04 F2x3

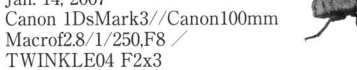

P63：ゾウゴミムシダマシ
　　　　　　　　　（*Anomalipus elephas tibialis*）
大きくてゆったりした雰囲気。河馬か象か。 
標本データ：SLouis Trichrdt TVL S.AFRICA
　　　　　　Aug. 11 1993
撮影データ：Canon 1DsMark3//Sigma50mm
　　　　　　Macro f2.8/1/250,F8 ／
　　　　　　TWINKLE04 F2x2

P05,P64-P65：アナアキカメノコゴミムシダマシ
　　　　　　　　　　　　　　　　　（*Helea* sp.）
何のための穴か。上下から見えるようにする
ためか。不思議な形態。 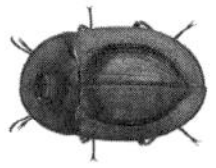
標本データ：BrokenHill N.S.W. AUSTRALIA,
　　　　　　Jan. 1998
撮影データ：Canon 1DsMark3//Canon100mm
　　　　　　Macrof2.8+Extension36mm/
　　　　　　1/250,F8 ／ TWINKLE04 F2x3 
撮影データ：Canon 1DsMark3//Canon100mm
　　　　　　Macrof2.8+Extension36mm/
　　　　　　1/250,F8 ／ TWINKLE04 F2x3

P66-P67：ジンガサゴミムシダマシ
　　　　　　　　　　　（*Diastoleus bicarinatus*）
まさに陣笠。 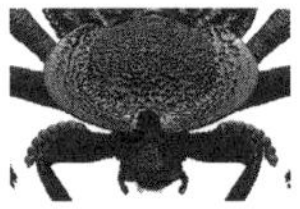
標本データ：Pajonales Cuesta Coquimbo
　　　　　　CHILE Dec. 2011
撮影データ：Canon 1DsMark3/MP-E 65mm ／
　　　　　　1/250,F8 ／ TWINKLE04 F2x2
撮影データ：Canon 1DsMark3//Canon100mm
　　　　　　Macrof2.8+Extension20mm/
　　　　　　1/250,F8 ／ TWINKLE04 F2x3

P68-P69：ホソナガシロアリスゴミムシダマシ
　　　　　　　　　　　　　（*Ziaelas insolitus*）
白蟻と共生している。どこか普通と違う形態。 
標本データ：1km s of AngkorWat Angkor
　　　　　　Siem Reap CAMBODIA,
　　　　　　Aug. 22 2012
撮影データ：Canon 1DsMark3/MP-E 65mm ／
　　　　　　1/30,F8 ／ WDR-UA152
　　　　　　LED-RingLight

P70：カオカクシアリスゴミムシダマシ
　　　　　　　　　　（*Falsocossyphus adelotopus*）
ゴミムシダマシとは思えない体型。アリと
共生しているという。 
標本データ：Bali Nyonga MNP CAMEROON ,
　　　　　　July 25 2008
撮影データ：Canon 1DsMark3/MP-E 65mm ／
　　　　　　1/250,F8 ／ TWINKLE04 F2x36

P71：ミツノコブツノゴミムシダマシ
　　　　　　　　　　　（*Atasthalus rhinoceros*）
胸だけでなく頭にも角がある見事なコブツノ
ゴミムシダマシ。 
標本データ：Tam Dao Vinh Pyu Province
　　　　　　VIETNAM, May 1996
撮影データ：Canon 1DsMark3/MP-E 65mm ／
　　　　　　1/250,F8 ／ TWINKLE04 F2x3

P73：ツシマチビコブスジツノゴミムシダマシ
　　　　　　　　　　　　（*Byrsax tsushimenis*）
見よこの造形美を。こんな素晴らしいゴミムシ
ダマシが我が国にいる。 
標本データ：NichitateraF.R. Tsushima
　　　　　　JAPAN, July 29 1992
撮影データ：NikonD800E/NikonAZ100/AZ
　　　　　　Plan Apo 2X,PLI2.5 ／ SB-R200
　　　　　　SPEED LITEx4

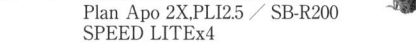

P74：オオコブスジツノゴミムシダマシ
　　　　　　　　　　　（*Bolitotherus cornutus*）
米国のコブスジツノゴミムシダマシ。我が国に棲息
する種より少し大型。 
標本データ：Bigrun State Park Garrett co.MD
　　　　　　U.S.A., Sept.29 1985
撮影データ：Canon 1DsMark3/MP-E 65mm ／
　　　　　　1/250,F8 ／ SB-R200 SPEED
　　　　　　LITEx4

P75：ナガツノゴミムシダマシ（*Dysantes elongatus*）
長い角が特徴。格好がよい。 
標本データ：BPunkac 31km west from Palopo
　　　　　　C.Celebes INDONESIA,
　　　　　　Aug. 16 1984
撮影データ：Canon 1DsMark3//Sigma50mm
　　　　　　Macro f2.8/1/250,F8+C-AF2X
　　　　　　TELEPLUS+Extension30mm ／
　　　　　　TWINKLE04 F2x26

5）クチキムシ亜科（Alleculinae）

P76：アカオオクチキムシ（*Cistelina tokaraensia*）
インドネシアの美しいクチキムシ。 
標本データ：Seko Sulawesi INDONESIA,
　　　　　　March 2002
撮影データ：Canon 1DsMark3//Canon100mm
　　　　　　Macrof2.8+Extension20mm/
　　　　　　1/250, F8 ／ TWINKLE04 F2x3

P77：オオクチキムシ（*Allecula fuliginosa*）
我が国の代表的なクチキムシ。 
標本データ：Mt. Kasuga Nara-shi, Nara
　　　　　　JAPAN, , May 20. 2012
撮影データ：Canon 1DsMark3//Canon100mm
　　　　　　Macrof2.8+Extension20mm/
　　　　　　1/250,F8 ／ TWINKLE04 F2x3

P78：クロホシクチキムシ（*Pseudocistela haagi*）
見事な触角。 
標本データ：Tsumura-cho Ise-shi Mie JAPAN,
　　　　　　May 2 1997
撮影データ：Canon 1DsMark3/MP-E 65mm ／
　　　　　　1/250,F8 ／ TWINKLE04 F2x3

P79：カタモンヒメクチキムシ（*Mycetochara mimica*）
よく見ると美しい小さなクチキムシ。 
標本データ：Mt. Kasuga Nara-shi, Nara
　　　　　　JAPAN, , May 20. 2012
撮影データ：NikonD800E/NikonAZ100/AZ
　　　　　　Plan Apo 2X,PLI2.5 ／ SB-R200
　　　　　　SPEED LITEx4

6）キノコゴミムシダマシ亜科（Diaperinae）

P80：ニセクロホシテントウゴミムシダマシ
　　　　　　　　　　　　（*Derispia japonicola*）
小さなテントウムシ型ゴミムシダマシ。コケを食べる。 
標本データ：Mt. Kasuga Nara-shi, Nara
　　　　　　JAPAN, , May 20. 2012
撮影データ：NikonD800E/NikonAZ100/AZ
　　　　　　Plan Apo 2X,PLI2.5 ／ SB-R200
　　　　　　SPEED LITEx4

P81：コガネモドキゴミムシダマシ
　　　　　　　　　　（*Taiwanotrachycelis chengi*）
奇妙な肢。砂浜海岸の砂中に棲息。燈火に
飛来する。 
標本データ：Laomei Taipei TAIWAN,
　　　　　　May 05 2012
撮影データ：NikonD800E/NikonAZ100/AZ
　　　　　　Plan Apo 2X,PLI2.5 ／
　　　　　　TWINKLE04 F2x4

P82-P83：ホネゴミムシダマシ（*Emypsara riederi*）
斑紋変化の大きな種。海岸砂地に棲息する。 
標本データ：Minehama Sharicho Hokkaidou
　　　　　　JAPAN, Aug. 01 2011
撮影データ：NikonD800E/Nikon100mmMacrof
　　　　　　2.8/1/250,F8 ／ TWINKLE04 F2x3

P84：オオモンキゴミムシダマシ
　　　　　　　　　　　（*Diaperis niponensis*）
針葉樹に生えるツガサルノコシカケを利用する。 
標本データ：Mt. Kasuga Nara-shi, Nara Japan,
　　　　　　24 Aug. 2011
撮影データ：Canon 1DsMark3//Canon100mm
　　　　　　Macrof2.8+C-AF2X TELEPLUS+

Extension36mm/1/250,F8／
TWINKLE04 F2x2+430EX
SPEED LITE

P85：モンキゴミムシダマシ（*Diaperis lewisi*）
アラゲカワラタケなど広葉樹に生えるキノコを利用する。
標本データ：Mt. Kasuga Nara-shi, Nara Japan, 24 Aug. 2011
撮影データ：Canon 1DsMark3/Canon100mm Macrof2.8+C-AF2X TELEPLUS+Extension36mm/1/250,F8／TWINKLE04 F2x2+430EX SPEED LITE

P86：オオナガニジゴミムシダマシ（*Ceropria sulcifrons*）
我が国を代表的する美麗種。構造色で出す色彩が美しい。
標本データ：Mt. Kasuga Nara-shi, Nara Japan, 24 Aug. 2011
撮影データ：Canon 1DsMark3/Canon100mm Macrof2.8+C-AF2X TELEPLUS/1/250,F8／TWINKLE04 F2x3

7) クビカクシゴミムシダマシ亜科（Stenochiinae）

P87：ニジゴミムシダマシ（*Tetraphyllus paykullii*）
美しい虹色のゴミムシダマシ。南日本では枯木によくとまっている。
標本データ：Hirakura Misugi Mie JAPAN, June 28 1987
撮影データ：Canon 1DsMark3/MP-E 65mm+C-AF2.0X TELEPLUS／1/250,F8／TWINKLE04 F2x2

P88：キンイロハンテンゴミムシダマシ（*Artactes guttifer*）
何ともいえない美しさ。
標本データ：WingPaPao Ching Rai THAILAND, May 11 2012
撮影データ：Canon 1DsMark3/MP-E 65mm／1/250,F5.6／TWINKLE04 F2x2

P89：シコンタテミゾゴミムシダマシ（*Damatris* sp.）
地味ながら色合いが美しい。マダガスカル産。
標本データ：Sandrarkato MADAGASCAR May 2000
撮影データ：Canon 1DsMark3/Sigma50mm Macro f2.8/1/250,F5.6+C-AF1.5X TELEPLUS+Extension30mm／TWINKLE04 F2x2

P90：アオオオキノコモドキゴミムシダマシ（*Cuphotes* sp.）
南米のおむすび型オオキノコムシに酷似。
標本データ：Rio Andoas PERU, March 3 2007
撮影データ：Canon 1DsMark3/Canon100mm Macrof2.8+Extension36mm/1/250,F8／TWINKLE04 F2x3

P91：アオモンオオキノコモドキゴミムシダマシ（*Cuphotes* sp.）
これも南米のおむすび型オオキノコムシに酷似。擬態か？でも、どんなメリットが？
標本データ：AmazonasRiver Distrito de San Pablo de Loreto PERU, June-July 2004
撮影データ：Canon 1DsMark3/Canon100mm Macrof2.8+Extension36mm/1/250,F8／TWINKLE04 F2x3

P92：ヒメニシキキマワリモドキ（*Pseudonautes purpurivittatus*）
美しい虹色。
標本データ：Fukumoto Yamatoson Amami Kaogshima JAPAN May 25 2006
撮影データ：Canon 1DsMark3/MP-E 65mm／1/250,F8／TWINKLE04 F2x3

P93：ニジイロナガキマワリ（*Strongylium auratum*）
こちらは南米の虹色種。
標本データ：Tenedores Izabel GUATEMALA, June 1972
撮影データ：NikonD800E/Nikon100mmMacro f2.8+Extension36mm/1/250,F8／TWINKLE04 F2x3

P94-P95：オオウシヅノゴミムシダマシ（*Tauroceras angulatum*）
V字型の角がかっこ良い大型種。ブラジル産。
標本データ：M.H.Natural UFMG BRAZIL Nov.1 1985 BH
撮影データ：Canon 1DsMark3/MP-E 65mm／1/250,F8／TWINKLE04 F2x2
撮影データ：Canon 1DsMark3/Sigma50mm Macro f2.8/1/250,F8+C-AF1.5X TELEPLUS+Extension30mm／TWINKLE04 F2x2

P96：ユミアシゴミムシダマシ（*Promethis valgipes*）
日本にいる大型のゴミムシダマシ。肢の形状から、つけられた名称。
標本データ：Kasuga Nara-shi, Nara JAPAN, May 20 2012
撮影データ：Canon 1DsMark3/Canon100mm Macrof2.8/1/250,F8／TWINKLE04 F2x3

P97：アマゾンオオユミアシゴミムシダマシ（*Taphrosomus dohrni*）
本書に収録した中で、最も大型なゴミムシダマシ。
標本データ：Manaus BRAZIL, Oc. 28 1996
撮影データ：Canon 1DsMark3/Sigma50mm Macro f2.8/1/250,F8／TWINKLE04 F2x2

P98：クビカクシゴミムシダマシ（*Stenochinus bacillus*）
個人的に好きなゴミムシダマシ。顔つきがおもしろい。
標本データ：Shiroyama Tsukui Kanagawa JAPAN, May 14 2012
撮影データ：NikonD800E/NikonAZ100/AZ Plan Apo 2X,PLI2.5／SB-R200 SPEED LITEx4

P99：コウシバネホソナガゴミムシダマシ（*Homocyrtus dromedarium*）
これもユニークな形態のゴミムシダマシ。
標本データ：Saval Valdicia CHILE, Jan. 2012
撮影データ：Canon 1DsMark3/Canon100mm Macrof2.8+Extension20mm/1/250, F8／TWINKLE04 F2x3

P100-P101：オオキンイロナガキマワリ（*Gigantopigeus mirabilis*）
渋い、美しいゴミムシダマシ。
標本データ：Cameron Highland MALAYSIA, May 2007
撮影データ：Canon 1DsMark3/Canon100mm Macrof2.8/1/250,F8／TWINKLE04 F2x3

P102：カタハリフタコブゴミムシダマシ（*Thecacerus nodosus*）
このような大きなコブというか、角というか。何の役に立つのだろう。
標本データ：Est.Rio de Janeiro Visconde de Maua BRAZIL, Nov.1953
撮影データ：Canon 1DsMark3/Canon100mm Macrof2.8+Extension36mm/1/250, F8／TWINKLE04 F2x3

P103：ムツコブナガキマワリ（*Phymatosoma barclayi*）
前種はブラジル、本種はボルネオ。場所が違ってもコブのある種がいる。
標本データ：Crocker Range N. Sabah E. MALAYSIA, June. 13 1995
撮影データ：Canon 1DsMark3/MP-E 65mm／1/250,F8／TWINKLE04 F2x3

P104：ミドリオオキマワリモドキ（*Campsiomorpha* sp.）
大型の美しいゴミムシダマシ。
標本データ：Mts. Pan Sam Neua N.E.LAOS, 6 May 2011
撮影データ：Canon 1DsMark3/Canon100mm Macrof2.8/1/250,F8／TWINKLE04 F2x3

参考文献

1：秋田勝己、安藤清志、平野雅親、柏原精一、益本仁雄、大澤省一、吉川寛：「「科の壁を越えて」－ 摩訶不思議なゴミムシダマシの多様性 －」、月刊むし（506），April 2013 P13~P27
2：Arthur V. Evans,Charles L. Bellamy：「An Inordinate Fondness for Beetles」、Henry Holt, P55
3：http://nemutou.fc2web.com/namitento/namitento.html
4：萩生田憲昭,「古代エジプトの昆虫の役割──甲虫を中心に」、社団法人日本オリエント学会、第49回大会
5：http://www.thefrisky.com/2010-01-26/are-bejeweled-beetles-cool-or-cruel/
http://commons.wikimedia.org/wiki/File:El_makech.jpg
6：Arthur V. Evans,Charles L. Bellamy：「甲虫の世界」、シュプリンガー・ファラーク東京株式会社、2000, P140
7：http://ja.wikipedia.org/wiki/スターシップ・トゥルーパーズ
http://www2s.biglobe.ne.jp/~yochu/zufu/yochu/arach_tanker.html
8：http://www.naro.affrc.go.jp/org/nfri/yakudachi/gaichu/column/column_027.html
9：http://www.magabon.jp/special/voice/31_01.html
10：http://www.zennokyo.co.jp/table/table_029.html
11：http://www.flickr.com/photos/kipling_west/7751103286/
12：http://www.pbs.org/wgbh/nova/ants/bugs-nf.html
13：Orin McMonigle、「The Complete Guide to Rearing Darkling Beetles」、Elytra & Antenna, 2011, P31
14：Arthur V. Evans,Charles L. Bellamy：「甲虫の世界」、シュプリンガー・ファラーク東京株式会社、2000, P76
15：Orin McMonigle、「The Complete Guide to Rearing Darkling Beetles」、Elytra & Antenna, 2011, P11
16：Bernhard Klausnizer：「Beetles」Exeter、1983、P83
17：同上，P83
18：http://www.youtube.com/watch?v=n2ix0fDFTdc&feature=player_embedded#!
19：http://www.ncbi.nlm.nih.gov/pmc/articles/PMC2918599/
20：http://www.yankodesign.com/2010/07/05/beetle-juice-inspired/
21：http://www.flickr.com/photos/ecogarden/2082676399/in/photostream
http://www.asknature.org/strategy/40890987079e59d203d15d2ad44681e5
22：Orin McMonigle、「The Complete Guide to Rearing Darkling Beetles」、Elytra & Antenna, 2011, P30
23：林長閑、「甲虫の生活」、筑摩書館、1986, P48
24：同上
25：同上、P55
26：同上、P56
27：秋田勝己：私信
28：林長閑、「甲虫の生活」、筑摩書館、1986, P20~P22
29：http://column.odokon.org/2007/0327_180100.php
30：http://www.naro.affrc.go.jp/org/nfri/yakudachi/gaichu/zukan/1.html
31：http://www.naro.affrc.go.jp/org/nfri/yakudachi/gaichu/column/column_031.html
32：安富和男、「虫たちの生き残り戦略」、中公新書1641、P15~P21
33：Arthur V. Evans,Charles L. Bellamy：「An Inordinate Fondness for Beetles」、Henry Holt, P129
34：http://www.pdbj.org/eprots/index_ja.cgi?PDB%3A1GG5
35：クラウセン、「昆虫と人間」、みすず科学ライブラリー30、みすず書房、1972 P52
35：http://www.tumblr.com/tagged/bombardier%20beetle?language=ja_JP
36：ライフ編集部、「昆虫」、ライフ ネーチャー ライブラリー、時事通信社、1964, P120~P121
37：兼久勝夫、「ゴミムシとゴミムシダマシの防御物質分布の比較」、日本応用動物昆虫学会大会講演要旨 (19), 12, 1975-04-01
38：Orin McMonigle、「The Complete Guide to Rearing Darkling Beetles」、Elytra & Antenna, 2011, P10
39：Arthur V. Evans,Charles L. Bellamy：「甲虫の世界」、シュプリンガー・ファラーク東京株式会社、2000, P90
40：Patrice Bouchard et al.「Family-group names in Coleoptera」、ZooKeys 88: 1- 972 (2011) doi: 10.3897/zookeys.88.807
41：E.G.Matthews,P.Bouchard「Tenebrionid Beetles of Australia」、ABRS,2008,P28~P29
42：益本仁雄：私信

全般的に参考にした書籍

・「原色日本甲虫図鑑」、保育社、1986

地域別種名

○アジア・オセアニア

アナアキカメノコゴミムシダマシ　*Helea* sp.・・・・・・05,64,65
ミドリオオハムシダマシ　*Chlorophila* sp.・・・・・・・09
サカサジンガサハムシダマ　*Cossyphus depressus*・・・・13
ニセツチハンミョウ　*Bothrinota meloides*・・・・・・・14
ラオスケブカクロハムシダマシ　*Cerogria* sp.・・・・・・15
キリチェンコゴミムシダマシ　*Pisterotarsa kiritschenkoi*・・26
ヒゲブトアリスゴミムシダマシ　*Gebieniella stenosides*・・・29
フタイロキマワリ　*Plesiophthalmus* sp.・・・・・・・・60
ホソナガシロアリスゴミムシダマシ　*Ziaelas insolitus*・・・68,69
ミツノコブツノゴミムシダマシ　*Atasthalus rhinoceros*・・・71
ナガツノゴミムシダマシ　*Dysantes elongatuss*・・・・・75
アカオオクチキムシ　*Cistelina tokaraensia*・・・・・・・76
コガネモドキゴミムシダマシ　*Taiwanotrachycelis chengi*・・81
キンイロハンテンゴミムシダマシ　*Artactes guttiferi*・・・・88
オオキンイロナガキマワリ　*Gigantopigeus mirabilis*・・・100,101
ムツコブナガキマワリ　*Phymatosoma barclayi*・・・・・103
ミドリオオキマワリモドキ　*Campsiomorpha* sp.・・・・・104

○アフリカ

ヒメキリアツメゴミムシダマシ　*Stenocara eburnea*・・・・・裏表紙
オオカンムリゴミムシダマシ　*Vieta muscosa*・・・・・・03,42,43
ヘンテコシロアリスゴミムシダマシ　*Stemmoderus singularis*・・06
フタイロハムシダマシ　*Metallonotus speciosus*・・・・・・08
アシブトアオハムシダマシ　*Pycnocerus revoili*・・・・・・16
クロツヤモドキハムシダマシ　*Pristophilus passaloides*・・・17
クワガタモドキミムシダマシ　*Calognathus chevrolati*・・・27
サバクモザイクモンゴミムシダマシ　*Pachynotelus comma*・・・31
フタイロムネマルゴミムシダマシ　*Distretus amplipennis*・・・32
タテミゾムネマルゴミムシダマシ　*Amiantus globulipennis*・・・33
ハカマモリゴミムシダマシ　*Prionotheca coronata*・・・・・34
トクトックゴミムシダマシ　*Psammodes pieretti*・・・・・35
テツカブトゴミムシダマシ　*Moluris globulicollis*・・・・・36
セスジオオゴミムシダマシ　*Psammodes procerus*・・・・・37
トゲトゲゴミムシダマシ　*Somaticus spinosus*・・・・・・38
オオコブカンムリゴミムシダマシ　*Sepidium bulbiferum*・・・39
ヒツジカンムリゴミムシダマシ　*Vieta speculifera*・・・・・40
ケコブカンムリゴミムシダマシ　*Vieta* sp.・・・・・・・・41
ヘルメットゴミムシダマシ　*Stips cassidoides*・・・・・・44,45
スナオヨギゴミムシダマシ　*Lepidochora* sp.・・・・・・46,47
チャスジキリアツメゴミムシダマシ　*Onymacris langi meridionalis*・・・50
クロスジキリアツメゴミムシダマシ　*Onymacris langi langi*・・・51
キリアツメゴミムシダマシ　*Onymacris boshimania*・・・・・52
アカアシナガゴミムシダマシ　*Eulytus nodipennis*・・・・・57
ハリネズミゴミムシダマシ　*Emmallus australis*・・・・・58,59
サイゴミムシダマシ　*Anomalipus heraldicus*・・・・・・62
ゾウゴミムシダマシ　*Anomalipus elephas tibialis*・・・・・63
カオクシアリスゴミムシダマシ　*Falsocossyphus adelotopus*・・70
シコンタテミゾゴミムシダマシ　*Damatris* sp.・・・・・・89

○北中南米

カラステングゴミムシダマシ　*Phrenapates bennetti*・・・・・18,19
オオクロジオメトリックゴミムシダマシ　*Nyctelia multicristata*・・20
クロジオメトリックゴミムシダマシ　*Nyctelia geometrica*・・・21
タテミゾジオメトリックゴミムシダマシ　*Callyntra rossi*・・22
フタイロジオメトリックゴミムシダマシ　*Gyriosomus gebieni*・・23
コワモテジオメトリックゴミムシダマシ　*Gyriosomus* sp.・・・24
シボリジオメトリックゴミムシダマシ　*Gyriosomus hopei*・・25
オオヒョウタンゴミムシダマシ　*Megelenophorus americanus*・・28

スナケブカゴミムシダマシ　Edrotes arens・・・・・・・48
イボゴミムシダマシ　Asbolus verrucosus・・・・・・・・49
クロナガドウケゴミムシダマシ Eleodes obscurus sulcipennis・・53
ヒサシツノゴミムシダマシ　Antimachus nigerrimus・・・・56
ジンガサゴミムシダマシ　Diastoleus bicarinatus・・・・66,67
オオコブスジツノゴミムシダマシ　Bolitotherus cornutus・・74
アオオオキノコモドキゴミムシダマシ　Cuphotes sp.・・・・90
アオモンオオキノコモドキゴミムシダマシ　Cuphotes sp.・・・91
ニジイロナガキマワリ　Strongylium auratum・・・・・・93
オオウシツノゴミムシダマシ　Tauroceras angulatum・・94,95
アマゾンオオユミアシゴミムシダマシ　Taphrosomus dohrnia・97
コウシバネホソナガゴミムシダマシ　Homocyrtus dromedarium99
カタハリフタコブゴミムシダマシ　Thecacerus nodosus・・・102

○日本

アオハムシダマシ　Arthromacra viridissima・・・・・10,11
アマミアオハムシダマシ　Arthromacra amamiana・・・・・12
ハマヒョウタンゴミムシダマシ　Idisia ornata・・・・・・30
オニツノゴミムシダマシ　Toxicum funginum・・・・・54,55
キマワリ　Plesiophthalmus nigrocyaneus・・・・・・・・61
コブスジツノゴミムシダマシ　Boletoxenus bellicosus・・表紙,72
ツシマコブスジツノゴミムシダマシ　Byrsax tsushimenis・・73
オオクチキムシ　Allecula fuliginosa・・・・・・・・・77
クロホシクチキムシ　Pseudocistela haagi・・・・・・・78
カタモンヒメクチキムシ　Mycetochara mimica・・・・・・79
ニセクロホシテントウゴミムシダマシ　Derispia japonicola・80
ホネゴミムシダマシ　Emypsara riederi・・・・・・・82,83
オオモンキゴミムシダマシ　Diaperis niponensis・・・・・84
モンキゴミムシダマシ　Diaperis lewisi・・・・・・・・85
オオナガニジゴミムシダマシ　Ceropria sulcifrons・・・・86
ニジゴミムシダマシ　Tetraphyllus paykullii・・・・・・87
ヒメニシキキマワリモドキ　Pseudonautes purpurivittatus・92
ユミアシゴミムシダマシ　Promethis valgipes・・・・・・96
クビカクシゴミムシダマシ　Stenochinus bacillus・・・・・98

情報

○ゴミムシダマシのインターネットデータベース
・http://www.tenebrionidae.net/index.htm：世界のゴミムシダマシ
・http://www.coleoptera-neotropical.org/paginas/2_PAISES/Chile/teneb_ch.html：チリのゴミムシダマシ。
・http://jcringenbach.free.fr/website/beetles/tenebrionidae/tenebrionidae_llibya.htm　：リビヤのゴミムシダマシ
・http://www.nature-of-oz.com/tenebrionidae.htm：イスラエルのゴミムシダマシ
・http://szmn.sbras.ru/old/Coleop/Tenebrio.htm：Siberian Zoological Museum のゴミムシダマシコレクション
・http://www.zin.ru/Animalia/Coleoptera/eng/atl_te.htm：ロシアのゴミムシダマシ
・http://www.pbase.com/tmurray74/darkling_beetles_tenebrionidae：個人サイト

○拙著

・小檜山賢二：「象虫」、出版芸術社
マイクロフォトコラージュの手法による初めての剥製写真集、この作品により第41回講談社出版文化賞写真賞を受賞した。

・小檜山賢二：「葉虫」、出版芸術社
MicroPresence シリーズの第2弾。

・小檜山賢二：「虫をめぐるデジタルな冒険」、岩波書店、本著の、理論／技術編である。技術的には少し古くなっているため、「葉虫」で最新の情報を補充した。

○STU Lab. のホームページ

著者の個人研究所のホームページ
　昆虫だけでなく、いろいろな活動や個人 blog を公開しているので、一度訪問してください。
　　　　　http://stulab.jp/

あとがき

MicroPresence シリーズ第3弾。ゴミムシダマシは、ゾウムシ・ハムシとは全く異なる魅力があった。その魅力を「変幻自在な多様性」と表現することとした。ゾウムシ・ハムシとは棲息環境が異なるため、観察や採集において、新鮮な驚きの連続であった。

ゾウムシ・ハムシと同様ゴミムシダマシもマイナーな昆虫である。しかし、この分野にも研究者・愛好家が存在した。その方々から情報・標本提供など積極的な協力をいただいた。

先ず、同定と解説の監修という大変な仕事を引き受けていただいた益本仁雄博士、秋田勝己先生に感謝する。両先生の存在無くしては、本書を完成することは不可能であった。両先生には、貴重な標本の提供もいただいた。秋田先生には、フィールドでの指導もいただいた。また、Dr. Ottó Merkl (Hungarian Natural History Museum)、Dr. Wolfgang Schawaller (Staatliches Museum für Naturkunde, Rosenstein)、近藤茂昭氏、森田誠司氏には益本先生を通じ同定や文献収集に協力いただいた。心よりお礼申し上げる。

丸山宗利博士には、アリ／シロアリと共生する種の貴重な標本を提供いただき、本書を充実させることが出来た。アマゾン昆虫館の故新井久保館長、佐藤隆志にも標本の提供をいただいた。お礼申し上げる。

養老孟司先生には、今回も帯の文をいただいただけでなく、日頃の交流の中で、様々な示唆をいただいた。
何時もサポートをいただいている出版芸術社の原田裕会長、津野実社長に感謝する。

2013年5月30日

小檜山賢二

著者プロフィール

小檜山　賢二（こひやまけんじ）
慶應義塾大学　名誉教授
URL : http://stulab.jp

1942年 東京生まれ。67年慶應義塾大学工学部電気工学科修士課程修了。同年 日本電信電話公社入社。電気通信研究所において、ディジタル無線通信方式の研究に従事。76年工学博士（慶應義塾大学）。92年ＮＴＴ無線システム研究所所長。97年慶應義塾大学大学院政策・メディア研究科教授。08年慶應義塾大学名誉教授

○著書：「葉虫」「象虫」（出版芸術社）、「日本の蝶」・「続日本の蝶」（山と渓谷社）、「鳳蝶」（講談社）、「白蝶」（グラフィック社）、「パーソナル通信のすべて」（NTT出版）、「わかりやすいパーソナル通信技術」（オーム社）、「地球システムとしてのマルチメディア」（NTT出版）、「社会基盤としての情報通信」情報がひらく新しい世界ー5（共立出版）、「虫をめぐるデジタルな冒険」（岩波書店）、「ケータイ進化論」（ＮＴＴ出版）など

○受賞：第41回講談社出版文化賞写真賞（象虫）、電子情報通信学会業績賞、通信協会前島賞、第21回東川賞新人作家賞、慶應義塾大学義塾賞、Laval Virtual 8th International Conference on Virtual Reality グランプリなど

塵騙 Darkling Beetles：MicroPresence 3
発行日　平成25年7月30日 第1刷

著　者　小檜山賢二
発行者　原田　裕
発行所　株式会社　出版芸術社
　　　　〒112-0013
　　　　東京都文京区音羽1-17-14 YKビル
　　　　電　話　03-3947-6077
　　　　ＦＡＸ　03-3947-6078
　　　　振　替　00170-4-546917
　　　　URL：http://www.spng.jp
印刷所　株式会社東京印書館
製本所　株式会社若林製本工場

落丁本・乱丁本は送料小社負担にてお取替えいたします。
©Kenji Kohiyama2011　Printed in Japan
ISBN978-4-88293-448-6　C0072